华章IT

HZBOOKS | Information Technology

华章程序员书库

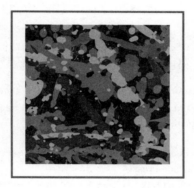

Concurrent Patterns and
Best Practices

并发模式与应用实践

[印度] 阿图尔·S. 科德（Atul S. Khot）著

徐坚 译

机械工业出版社
China Machine Press

图书在版编目（CIP）数据

并发模式与应用实践 /（印）阿图尔·S. 科德（Atul S. Khot）著；徐坚译 . —北京：机械工业出版社，2019.4
（华章程序员书库）
书名原文：Concurrent Patterns and Best Practices

ISBN 978-7-111-62506-3

I. 并… II. ① 阿… ② 徐… III. 并行程序 – 程序设计 IV. TP311.11

中国版本图书馆 CIP 数据核字（2019）第 071514 号

本书版权登记号：图字 01-2018-8346

Atul S. Khot: Concurrent Patterns and Best Practices (ISBN: 978-1-78862-790-0).

Copyright © 2018 Packt Publishing. First published in the English language under the title "Concurrent Patterns and Best Practices".

All rights reserved.

Chinese simplified language edition published by China Machine Press.

Copyright © 2019 by China Machine Press.

并发模式与应用实践

出版发行：机械工业出版社（北京市西城区百万庄大街 22 号 邮政编码：100037）

责任编辑：杨宴蕾		责任校对：殷 虹	
印　　刷：北京瑞德印刷有限公司		版　　次：2019 年 5 月第 1 版第 1 次印刷	
开　　本：186mm×240mm 1/16		印　　张：13.75	
书　　号：ISBN 978-7-111-62506-3		定　　价：79.00 元	

The Translator's Words 译 者 序

　　并发能极大地整合和提高系统的计算性能，特别在以大数据、云计算为特征的信息时代，关于并发的学习和实践具有重大意义。然而，要学好并发，需要遵循一定的章法、范式，这就是并发模式。掌握好并发模式，将使读者的并发设计及开发能力如虎添翼。不过，要掌握好并发模式并能付诸实践，也并非易事。所幸的是，这本书的横空出世为读者学习并发带来了福音。

　　Atul S. Khot 作为一名自学成才的优秀程序员，有丰富的编程经验和对设计模式的深入研究和深刻洞见。本书通俗易懂，理论与实践紧密结合，书中给出的代码简练、质量高，配图也直观明了、贴近生活。本书对于渴望学习并发模式并希冀能快速实践的读者，将会带来立竿见影的效果。

　　本书的翻译得到了同行、老师、学生和朋友的帮助与鼓励，在此表示真挚的谢意，特别感谢甘健侯、张姝、李佳蓓、张利明以及姚贤明。书中的文字与内容力求忠实于原著，但由于译者水平有限，加上时间仓促，译文中难免有疏漏之处，敬请读者批评指正。

徐　坚

2019 年 1 月于昆明

前 言 *Preface*

感谢你购买本书！我们生活在一个并发的世界中，并发编程是一项越来越有价值的技能。

我还记得当我理解了 UNIX shell 管道的工作原理的那一刻，便立即对 Linux 和命令行"一见钟情"，并尝试了许多通过管道连接的组合过滤器（过滤器是一种程序，它从标准输入设备读取数据，再写入标准输出设备）。我一直都在和并发程序打交道，我对命令行的创造性和力量感到很惊讶。

后来，由于项目变化，我致力于用多线程范式编写代码。所使用的编程语言是我钟爱的 C 或 C++，然而，令我惊讶的是，我发现维护一个用 C/C++ 编写的多线程遗留代码库是一项艰巨的任务。这是因为共享状态是随意管理的，一个小错误就可能让我们陷入调试噩梦！

大约在那个时候，我开始了解面向对象设计模式和一些多线程模式。例如，我们希望将一个大的内存数据结构安全地显露给多个线程。我读过有关 reader/writer 锁模式的内容，该模式使用智能指针（一种 C++ 习语），并据此编写解决方案。

采取此方法后并发错误就消失了！此外，该模式使得线程很容易理解。在我们的示例中，writer 线程需要对共享数据结构进行不频繁但独占的访问，reader 线程只是将这个结构作为不可变的实体来使用。看啊，没有锁！

没锁带来巨大的好处，随着锁的消失，死锁、竞争和饥饿的可能性也随之消失。感觉真棒！

我在这里得到了一个教训！我得不断学习设计模式，根据不同模式努力思考手边的设计问题。这也帮助我更好地理解代码！最终，我对如何驯服并发这头野兽有了初步的了解！

设计模式是用于解决常见设计问题的可重复使用的解决方案。设计解决方案就是设计模式。你的问题领域可能会有所不同，也就是说，你需要编写的业务逻辑将用于解决你手中的业务问题。但是，一旦使用模式，任务就能很快完成！

例如，当我们使用面向对象范式编写代码时，我们使用"四人组"（GoF）开发的设计模式（http://wiki.c2.com/?DesignPatternsBook）。这本名著[⊖]为我们提供了一系列设计问题及其解决方案。虽然这种策略模式一直保持不变，但它仍被人们广泛使用。

几年后，我转战到 Java 领域，并使用 ExecutorService 接口来构建我的代码。开发代码非常容易，几个月的运行中没有出现任何重大问题。（虽然有一些其他问题，但没有数据冲突，也没有烦琐的调试！）

随后，我进入函数式编程的世界，并开始编写越来越多的 Scala 程序。这是一个以不变数据结构为标准的新领域，我学到了一种截然不同的范式。

Scala 的 future 模式和 actor 模式给出了全新的视角。作为程序员，我能感受到这些工具带来的力量。一旦你跨越了认知曲线（诚然在开始时有点畏惧），就能编写许多更安全且经得起推敲的并发代码。

本书讲述了许多并发设计模式，展示了这些模式背后的基本原理，突出了设计方案。

本书目标读者

我们假定你有一定的 Java 编程基础，理想情况下，你已经用过多线程 Java 程序，并熟悉"四人组"的设计模式，你还能轻松地通过 maven 运行 Java 程序。

本书将带你进入下一个阶段，同时向你展示许多并发模式背后的设计主题。本书希望帮助开发人员通过学习模式来构建可扩展、高性能的应用程序。

⊖ 该书中文版已由机械工业出版社引进出版，书号为 978-7-111-07575-2。——编辑注

本书包含的内容

第 1 章介绍并发编程。正如你将看到的，并发本身就是一个领域。你将了解 UNIX 进程以及并发模式的管道和过滤器。本章涉及并发编程的综述，你可能已对这方面有所了解。

第 2 章涵盖一些关键的基本概念，并介绍 Java 内存模型的本质。你将了解共享状态模型中出现的竞争条件和问题，并尝试第一个并发模式：手拉手锁定。

第 3 章包括显式同步可变状态和监视器模式，你会看到这种方法存在很多问题。我们将详细介绍主动对象设计模式。

第 4 章介绍线程如何通过生产者 / 消费者模式相互通信，并介绍线程通信的概念，然后解释主 / 从设计模式。本章还将介绍 fork-join 模式的一个特例：map-reduce 模式。

第 5 章讨论构建块，还将讨论阻塞队列、有界队列、锁存器、FutureTask、信号量、屏障、激活和安全等内容。最后，描述不可变性以及不可变数据结构固有的线程安全性。

第 6 章介绍 future 并讨论它的一元性质，包括转型和单子模式，还将阐释 future 模式的构成，同时会介绍 Promise 类。

第 7 章介绍 actor 范式。再次回顾主动对象模式，然后解释 actor 范式，特别是未明确的锁定性质。还将讨论 ask 与 tell、become 模式（并强调其不变性）、流水线、半同步或半异步，并通过示例代码进行说明。

读者水平及所需环境

为了充分利用本书，你应该掌握一定水平的 Java 编程知识和 Java 线程基础知识，能够使用 Java 构建工具 maven。书中提供了需要复习的重要内容，并通过 Java 线程示例对此进行补充。

使用诸如 IntelliJ Idea、Eclipse 或 Netbeans 等集成开发环境会很有帮助，但并非必须。为了说明函数并发模式，最后两章使用 Scala，这两章的代码使用基本的 Scala 结构。我们建议读者最好浏览一下介绍性的 Scala 教程，这样做很有益处。

下载示例代码及彩色图像

本书的示例代码及所有截图和样图，可以从 http://www.packtpub.com 通过个人账号下载，也可以访问华章图书官网 http://www.hzbook.com，通过注册并登录个人账号下载。另外还可以从 https://github.com/PacktPublishing/Concurrent-Patterns-and-Best-Practices 访问这些代码。

作者 / 评阅者简介 *About the Author*

　　作者 Atul S. Khot 是一位自学成才的程序员，他使用 C 和 C++ 编写软件，并用 Java 进行过大量编程，另外还涉猎多种语言。如今，他越来越喜欢 Scala、Clojure 和 Erlang。Atul 经常在软件大会上发表演讲，还曾经担任 Dobb 博士产品奖评委。他是 Packt 出版社出版的《 *Scala Functional Programming Patterns* 》和《 *Learning Functional Data Structures and Algorithms* 》的作者。

　　评阅者 Anubhava Srivastava 是一名首席架构工程师，拥有超过 22 年的系统工程和 IT 架构经验。他撰写了 Packt 出版社出版的《 *Java 9 Regular Expressions* 》一书。作为一名开源传播者，他积极参与各种开源开发，在一些流行的计算机编程问答网站如 Stack Overflow 上声誉 / 得分超过 17 万，并且在整体声誉排名中名列前 0.5%。

Contents 目　录

并 发 简 介

什么是并发和并行？我们为什么要研究它们？本章将介绍并发编程领域的诸多方面。首先简要介绍并行编程，并分析我们为什么需要它，然后快速讨论基本概念。

"巨大的数据规模"和"容错"作为两股主力推动并发程序设计技术不断向前。在我们阅读本章时，里面的一些示例将涉及一些集群计算模式，例如MapReduce。对当今的开发人员来说，应用程序扩展性是非常重要的概念，我们将讨论并发如何帮助对应用程序进行扩展。水平扩展（https://stackoverflow.com/questions/11707879/difference-between-scaling-horizontally-and-vertically-for-databases）是当今大规模并行软件系统背后的关键技术。

并发使得并发实体之间必须实现通信。我们将研究两个主要的并发模型：消息传递模型和共享内存模型。我们将使用"UNIX shell 管道"描述消息传递模型，然后，我们将描述共享内存模型，并讨论显式同步为何带来如此多的问题。

设计模式是上下文中出现的设计问题的解决方案。通过掌握模式目录，有助于我们针对特定问题提出一个更好的设计方案，本书将介绍常见的并发设计模式。

本章最后将介绍一些实现并发的替代方法，即 actor 范式和软件事务性内存。

本章将介绍以下主题：

❑ 并发

❑ 消息传递模型

❑ 共享内存和共享状态模型

❑ 模式和范式

ℹ️ 如需完整的代码文件，可以访问 https://github.com/PacktPublishing/ Concurrent-Patterns-and-Best-Practices。

1.1 并发轻而易举

我们从一个简单的定义开始本章的学习。比如，当事情同时发生时，我们说事情正在并发。然而，就本书而言，只要可执行程序的某些部分同时运行，我们就是在进行并发编程。我们使用术语"并行编程"作为并发编程的同义词。

这个世界充满了并发现象。举个现实生活中的例子，假设有一定数量的汽车行驶于多车道高速公路，然而，在同一车道上，汽车需要跟随前面的车辆，在这种情况下，车道就是一种共享资源。

当遇到收费站时，情况会发生变化，每辆车会在其车道停留一两分钟去支付通行费和拿收据。当收费员对一辆车收费时，后面的车辆需要排队等待。但是，收费站有不止一个收费窗口，多个窗口的收费员会同时向不同的汽车收费。如果有三个收费员，每人服务一个窗口，那么三辆车可以在同一时间点支付费用，也就是说，它们可以并行接受服务，如图 1-1 所示。

请注意，在同一队伍排队的汽车是按顺序缴费的。在任何给定时刻，收费员只能为一辆车提供服务，因此队列中的其他车需要等待，直到轮到他们。

当我们看到一个收费站只有一个收费窗口的时候会感到奇怪，因为这不能提供并行的收费服务，严格的按顺序缴费会使大家不堪忍受。

当车流量过大（比如假期）时，即使有很多收费窗口，每个窗口也都会成为瓶颈，用于处理工作负载的资源会变得更少。

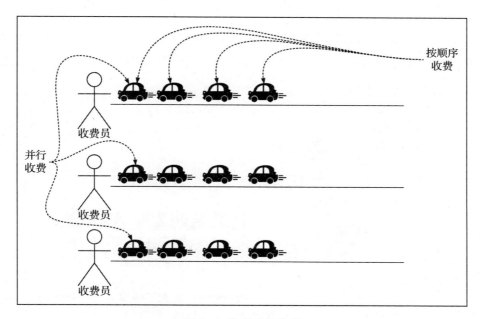

图 1-1 汽车并行收费

1.1.1 推动并发

让我们回到软件世界，比如你想边听音乐边写文章，这不是一个基本需求吗？是的，你的电子邮箱程序也应该并行工作，以便你可以及时收到重要的电子邮件。如果这些程序都不能并行运行，很难想象人们怎么工作。

随着时间的推移，软件占用的内存变得越来越大，需要更多更快的 CPU。例如，现在的数据库事务每秒都在增加，数据处理需求超出了任何一台机器的能力，因此，人们采用了分治策略（divide and conquer strategy）：许多机器在不同的数据分区上同时工作。

另一个问题是芯片制造商正在触及芯片速度的极限，改进芯片以使 CPU 更快的办法具有固有的局限性。有关此问题的清晰解释，请参见 http://www.gotw.ca/publications/concurrency-ddj.htm。

今天的大数据系统每秒处理数万亿条消息，并且全部使用商业硬件（我

们在日常开发中用的普通硬件），没有什么特别的，它们就像超级计算机一样
强大。

云的兴起使得配置能力掌握在每个人手中。你不需要花太多时间来测试
新的想法，只需租用云上的一个处理基础架构，即可测试并实现你的想法。
图 1-2 显示两种扩展的方法。

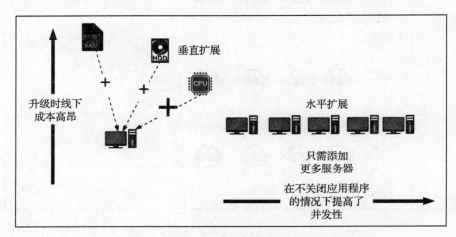

图 1-2　两种扩展方法

中央基础设施的设计主要有两种扩展方法：水平扩展与垂直扩展。水平扩
展本质上意味着使用分布式并发模式，它具有成本效益，是大数据领域的一
个突出理念。例如，NoSQL 数据库（比如 Cassandra）、分析处理系统（比如
Apache Spark）和消息代理（比如 Apache Kafka）都使用水平扩展，这意味着分
布式和并发处理。

另一方面，在单台计算机中安装更多内存或提高处理能力是垂直扩展的
一 个 很 好 的 例 子。在 网 站 https://www.g2techgroup.com/horizontal-vs-vertical-
scaling-which-is-right-for-your-app/ 中可以看到两种扩展方法的比较。

我们将研究水平扩展系统的两个常见并发主题：MapReduce 和容错。

1.1.1.1　MapReduce 模式

MapReduce 模式是需要并发处理的常见例子。图 1-3 显示一个单词频率计
数器，如果有数万亿字的文本流，我们需要查看文本中每个单词出现的次数。

该算法非常简单：我们将每个单词的计数保留在哈希表中，单词为键，计数器为值。哈希表允许我们快速查找下一个单词，并递增相关值（计数器）。

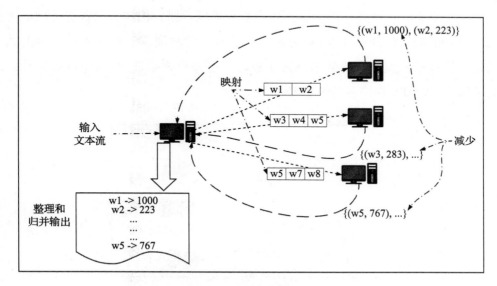

图 1-3　词频计数器

在给定输入文本大小的情况下，单个节点的内存无法容纳整个哈希表。通过使用 Map-Reduce 模式，可以为并发提供一种解决方案，如图 1-3 所示。

解决方案是分治策略：维护一个分布式哈希表，并运行适用于集群的相同算法。

主节点读取并分析文本，然后将其推送到一组"从属处理节点"（简称为"从节点"，与"主节点"对应）。这个想法是以一种由一个从节点处理一个单词的方式去分发文本。例如，给定三个从节点，如图 1-3 所示，我们将按范围划分：将以字符 {a..j} 开头的节点推送到节点 1，将以 {k..r} 开头的节点推送到节点 2，再将其余以 {s..z} 开头的节点推送到节点 3。这就是映射的部分（将工作分散）。

一旦流处理完之后，每个从节点将其频率结果发送回主节点，主节点打印结果。

从节点全部都在同时进行相同的处理。请注意，如果我们添加更多的从节点（就是说，如果我们水平扩展它），算法将运行得更快。

1.1.1.2 容错

另一种常见的方法是建立故意的冗余来提供容错，例如，大数据处理系统（如 Cass-andra、Kafka 和 ZooKeeper）不能承受彻底崩溃。图 1-4 显示如何通过并发复制输入流来防止从节点发生故障。这种模式通常用于 Apache Kafka、Apache Cassandra 和许多其他系统。

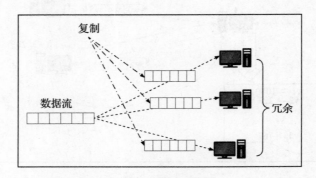

图 1-4　并发复制输入流

图 1-4 的右侧显示数据流被复制给冗余的机器。

在任何一个节点出现故障（硬件故障）的情况下，其他冗余节点都将取而代之，从而确保整个系统永远不会宕机。

1.1.2　分时

在现实生活中，我们也同时执行着许多任务。我们专心处理一项任务时，如果另一项任务也需要处理，我们将会切换到它，优先处理它，然后再回到上一项任务。让我们看一个真实例子：办公室接待员如何处理他们的任务。

当你来到一个办公室时，通常会有接待员接待你并询问你有什么事。这时办公室的电话响了，接待员像平常一样接听电话，并在与对方通话一段时间后，告诉你等一下。在你等待一段时间后，接待员会继续与你对话。该过程如图 1-5 所示。

接待员让各方分享她的时间，她采用的这种方式工作使得每个人都可以分享她的一部分时间。

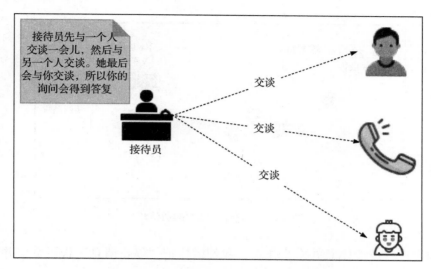

接待员先与一个人
交谈一会儿，然后与
另一个人交谈。她最后
会与你交谈，所以你的
询问会得到答复

交谈

交谈

接待员

交谈

图 1-5 接待员处理多任务

现在，记住上面说的收费站和接待员，然后用 CPU 内核替换收费员，用
任务替换汽车，你就可以获得当今并发硬件的基本模型。如果我们将收费员
的数量从 3 个增加到 6 个，我们就能将并行（同时）服务的汽车数量增加到 6
个。那么将会产生一个令人愉悦的结果：排队的汽车会散开，每辆车都会更快
得到服务。当我们执行并发程序时也是如此，因此，工作效率总体上会大幅度
提升。

就像接待员同时做多件事一样（比如访客之间时间共享），CPU 将其时间共
享给进程（正在运行的程序），这就是在单个 CPU 上支持并发的方式。

1.1.3 两种并发编程模型

并发意味着多个任务并行地实现同一个目标。类似群体中的沟通一样，我
们需要与并发执行任务的实体进行通信和协调。

例如，假设我们通过一个 UI 来呈现前面提到的词频计数器。用户上传大文
件后单击"开始"按钮，开启了一个长时间运行的 MapReduce 作业。我们需要
把这项工作分散到各个从节点上，同时，为了分配工作量，我们需要一种与它

们通信的方式。图 1-6 显示此系统中所需的各种通信流。

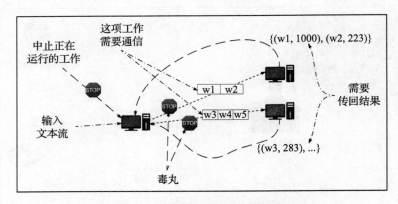

图 1-6　词频计数器中的通信流

如果用户改变主意并中止作业,我们需要把"停止消息"告诉每个并发实体,因为继续下去是没有用的。

并发通信有两个著名的模型:消息传递模型和共享内存模型。图 1-6 是消息传递模型。

我们首先以著名的"UNIX shell 管道"为例来讨论消息传递模型。紧接着,我们将深入研究共享内存的方法及其相关问题。

1.2　消息传递模型

在深入研究消息传递模型之前,我们将介绍一些基本术语。

当可执行程序运行时,它是一个进程。shell 查找可执行文件,使用系统调用与操作系统进行通信,从而创建子进程。操作系统还会分配内存和资源,例如文件描述符。因此,(例如)当你运行 find 命令(该可执行文件位于 /usr/bin/find)时,它将成为父进程 shell 的子进程,如图 1-7 所示。

如果你没有 pstree 命令,可以尝试使用 ptree 命令替代。ps --forest 命令也可以显示进程树。

下面是一个 UNIX shell 命令在目录树中递归地搜索包含某个单词的 HTML

文件：

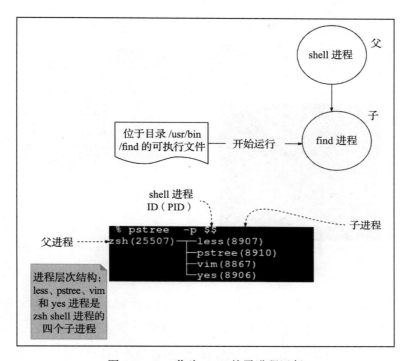

图 1-7　find 作为 shell 的子进程运行

```
% find . -type f -name '*.html' | xargs egrep -w Mon /dev/null
./Untitled.html:Mon Jun 5 10:23:38 IST 2017
./Untitled.html:Mon Jun 5 10:23:38 IST 2017
./Untitled.html:Mon Jun 5 10:23:38 IST 2017
./Untitled.html:Mon Jun 5 10:23:38 IST 2017
```

我们在这里看到了一个 shell 管道。find 命令搜索以当前目录为根的目录树，查找扩展名为 .html 的所有文件，并将文件名输出到标准输出设备。shell 为 find 命令创建一个进程，并为 xargs 命令创建另一个进程。活动（即正在运行）的程序称为进程。shell 还会通过管道将 find 命令的输出作为 xargs 命令的输入。

在这里，find 进程是生产者，它生成的文件列表会被 xargs 命令消费。xargs 收集一组文件名并对它们调用 egrep。最后，输出显示在控制台中。请务必注意，两个进程并发运行，如图 1-8 所示。

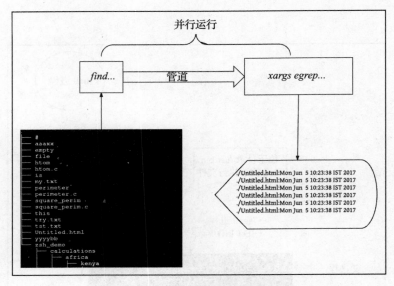

图 1-8 find 命令执行过程

这两个进程相互协作，因此我们实现了递归搜索目录树的目标。一个进程生成文件名，另一个进程搜索这些文件。当这两个进程并行运行时，一旦有合格的文件名，就会立即开始获取结果，这意味着系统响应迅速。

测验：如果这两个进程依次运行会发生什么？系统会如何将 find 命令的结果传递给 xargs 命令？

就像在现实生活中一样，协作需要通信。管道是使 find 进程能够与 xargs 进程通信的机制，管道既充当协调者，又充当通信机制。

1.2.1 协调和通信

我们需要确保当 find 进程没有什么可报告时（这意味着它已找到所有符合条件的文件名）egrep 也应该停止！

同样，无论管道中的任何进程由于何种原因退出，整个管道也应该停止工作。

例如，这是一个计算 1000 的阶乘的管道：

```
% seq 1000 | paste -s -d '*' | bc
402387260077093773543702433923003985719374864210714632543799910429931\
851239862902059204420848696940480047998861019719605863166687299480085\
.... rest of the output truncated
```

管道有三个过滤器：seq、paste 和 bc。seq 命令只打印 1 到 1000 之间的数字并将它们放到控制台中，shell 的工作是保证把输出送入 paste 过滤器使用的管道。

现在，paste 过滤器只多做了一点点工作就能使用 * 分隔符连接所有行，并将结果行输出到标准输出，如图 1-9 的屏幕截图所示。

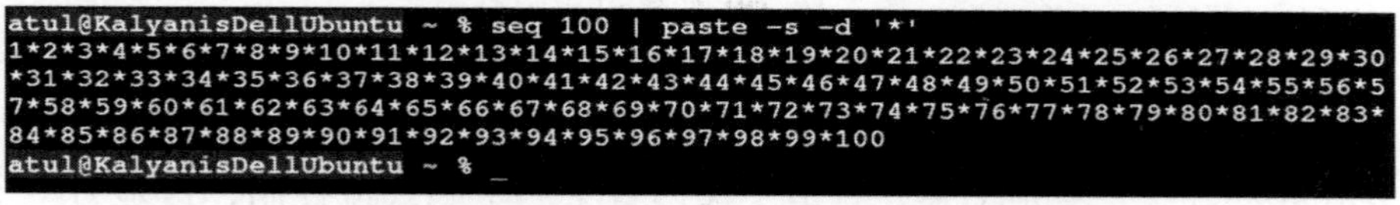

```
atul@KalyanisDellUbuntu ~ % seq 100 | paste -s -d '*'
1*2*3*4*5*6*7*8*9*10*11*12*13*14*15*16*17*18*19*20*21*22*23*24*25*26*27*28*29*30
*31*32*33*34*35*36*37*38*39*40*41*42*43*44*45*46*47*48*49*50*51*52*53*54*55*56*5
7*58*59*60*61*62*63*64*65*66*67*68*69*70*71*72*73*74*75*76*77*78*79*80*81*82*83*
84*85*86*87*88*89*90*91*92*93*94*95*96*97*98*99*100
atul@KalyanisDellUbuntu ~ % _
```

图 1-9　计算 1000 的阶乘

paste 命令写入控制台，shell 再次安排输出进入管道。这一次，消费者是 bc，bc 命令或过滤器能够进行任意精度算术运算，简单来说，它可以执行非常大的计算。

当 seq 命令正常退出时，会触发管道上的 EOF（文件结尾）。这会告诉 paste，输入流没有其他内容可读，因此它执行连接，并将输出写入控制台（实际上是管道），然后依次退出。

这种退出导致了 bc 进程的 EOF，因此它计算乘积，将结果打印到标准输出，这实际上是一个控制台，最后退出。这是一个顺序的关闭，不需要做更多工作，系统会自动退出并放弃其他并发进程的计算资源（如果有），这种制造者称为"毒丸"。有关更多详细信息，请参阅 https://dzone.com/articles/producers-and-consumers-part-3。

此时，管道处理完成，我们再次返回 shell 提示符，如图 1-10 所示。

参与管道的所有过滤器都不知道父 shell 已经做了这种协调。框架由较小的部分组成，而这些较小部分本身并不知道他们之间是如何组合在一起的，这种能力是一种很好的设计模式，称为管道和过滤器。我们将看到如何像这样组合成一个中心主题，从而产生强大的并发程序。

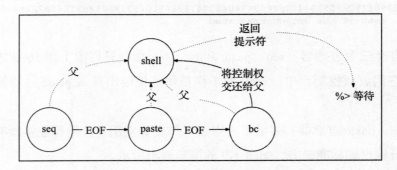

图 1-10　返回 shell 提示符

当 seq 进程产生的数字太快时会发生什么？消费者（在这种情况下是 paste）会不堪重负么？答案是不会，管道中还内置了一个隐式流控制，这是另一个中心主题，称为背压（back-pressure），其中较快的生产者（或消费者）会被迫等待，以便较慢的过滤器赶上。

让我们接下来看一下这种"流控制"机制。

1.2.2　流控制

前面提到的管道背后的奇妙想法是：find 生产者和 xargs 消费者彼此不了解。也就是说，你可以使用管道组成任意过滤器，这是著名的管道和过滤器设计模式。shell 命令行提供了一个框架，使你可以将任意过滤器组合成一个管道。

它给了我们带来了什么？你可以用意想不到的创造性方式重用相同的过滤器来完成你的工作。每个过滤器只需要遵循一个简单的协议，即接受"文件描述符 0"的输入，将输出写入"文件描述符 1"，并将错误写入"文件描述符 2"。

有关描述符和相关概念的更多信息，可以参阅"UNIX shell 编程指南"。我个人最喜欢的是《UNIX Power Tools》第三版，作者是 Jerry Peek 等。

流控制意味着我们正试图调节某种流。当你告诉别人说话慢点，以便你可以听懂他们要说什么时，你就在试图控制话语的流动。

　　流控制对于确保生产者（如快速扬声器）不会压倒消费者（例如侦听器）是至关重要的。在之前的示例中，find 进程可以更快地生成文件名，egrep 进程可能需要更多时间来处理每个文件。find 生产者可以按照自己的进度工作，而不用关心缓慢的消费者。

　　如果管道由于 xargs 消费较慢而变满，find 的输出调用将被阻塞，也就是说，进程正在等待，因此无法运行。这会导致 find 暂停，直到消费者最终有时间消费一些文件名且管道有一些空闲空间。反之亦然，此时，一个快速消费者阻塞一个空管道。阻塞是一种进程级机制，而 find（或任何其他筛选器）并不知道它是否处于阻塞状态。

　　进程开始运行的那一刻，它将执行 find 过滤器的计算功能，找出一些文件名，并将它们输出到控制台。图 1-11 是一个简化的状态图，显示了进程的生命周期。

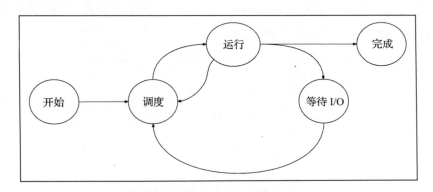

图 1-11　进程的生命周期

　　这个调度状态是什么？如上所述，正在运行的进程可能会被阻塞，等待一些 I/O 发生，因此它无法使用 CPU，所以，它将被暂时搁置一段时间，而其他等待轮到自己的进程则会被给予一次运行的机会。与前面提到的接待员的场景类似，接待员可以让我们坐下来等一会儿，然后继续服务队列中的下一位客人。

　　另一个想法是，该进程已经运行了分配给它的时间片，因此其他进程应该得到运行机会。在这种情况下，即使进程可以运行并使用 CPU，它也会被回退到它的预定状态，等到其他进程使用完各自的时间片，该进程又可以再次运行。这就是抢占式多任务，它使所有进程都有公平的机会。进程需要运行，以便可以做有用的工作。抢占式调度是一种帮助每个进程获得一部分 CPU 时间片的思想。

然而，还有另一种观点可能会对这一计划产生不利影响，那就是优先级较高的进程优先于优先级较低的进程。

一个真实的例子应该有助于理解这一点。在道路上行驶时，当看到打开警报器的救护车或警车时，我们需要为它们让路。类似地，执行业务逻辑的进程可能需要拥有比数据备份进程更高的优先级。

1.2.3 分治策略

GNU 并行程序（https://www.gnu.org/software/parallel/）是一个在一个或多个节点上并行执行命令的工具。图 1-12 显示了一个简单的运行，我们在其中生成 10 个文本文件并将它们（使用 gzip 命令）并行压缩。所有可用的内核都用于运行 gzip，从而减少了总的处理时间。

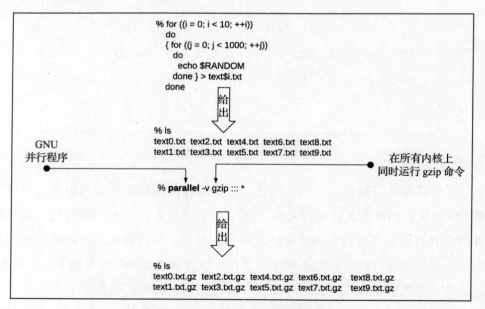

图 1-12　运行 GNU 并行工具

其工作的核心原则是分治策略，我们再次看到相同的原理：一个可并行化的作业被分成多个部分，每个部分都被并行处理（从而能重叠处理并减少时间）。该并行程序还允许在不同节点（计算机）上分配运行时间长的作业，从而允许利用空闲（可能未使用）的内核来快速处理作业。

1.2.4 进程状态的概念

上一节中描述的通信可以看作是消息传递，find 进程将文件名作为消息传递给 egrep 进程，或者 seq 进程将消息（数字）传递给 paste 进程。一般来说，这种情况下生产者正在向消费者发送消息以供其消费，如图 1-13 所示。

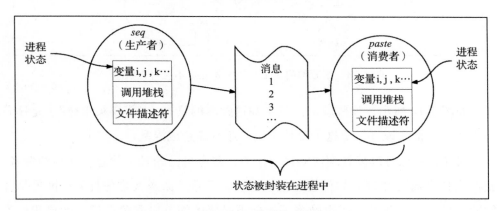

图 1-13　进程状态

如图 1-13 所示，按照设计，每个进程都有自己的状态，并且这个状态对其他进程是隐藏的。进程通过显式消息传递通道进行通信，就像管道引导水流一样。

这种状态的概念对于理解各种即将出现的并发模式来说非常重要。我们可以将状态看作某个处理阶段的数据。例如，paste 进程可以使用程序计数器来生成数字，它也可以将数字写入标准输出（文件描述符 1；默认情况下是控制台）。同时，paste 进程正在处理它的输入，并将数据写入它的标准输出。这两个进程都不关心彼此的状态，事实上，它们甚至对其他进程一无所知。

现实世界充满了封装状态，图 1-14 显示了一个示例。

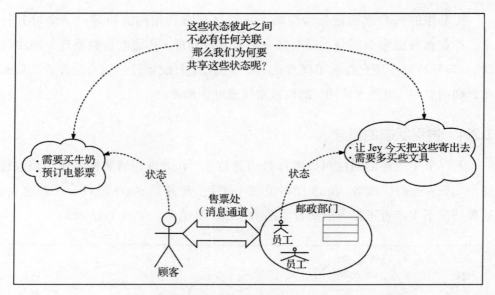

图 1-14 邮政部门员工与顾客相互看不见对方状态

如图 1-14 所示，让邮政部门员工知道顾客的状态（"需要买牛奶"）是违背常识的。对他来说，知道这个没什么用，还可能造成混乱。

同样，员工将继续处理他的日常任务，并有自己的日常状态。作为消费者，我们为什么需要知道他如何管理他的工作内容呢（派送大堆信件）？世界是并发的，世界上的各种实体也隐藏了彼此不必要的细节以避免混淆，如果我们不隐藏内部细节（即状态），就会造成混乱。

当然，可以问一下是否存在全局共享内存，如果有，那么我们可以将它用作消息通道，生产者可以使用所选的共享数据结构将数据放入其中，供随后被消费，也就是说，将内存用作通信渠道。

1.3 共享内存和共享状态模型

要是我们编写一个多线程程序来实现相同的结果又会怎样呢？执行线程是由操作系统调度和管理的一系列编程指令。一个进程可以包含多个线程，换句话来说，进程是一个用于并发执行线程的容器，如图 1-15 所示。

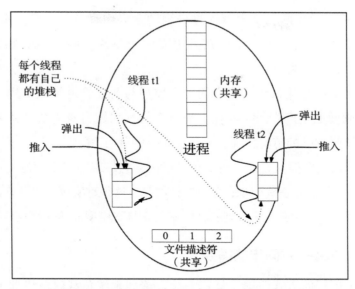

图 1-15　共享进程内存的线程拥有自己的堆栈

　　如图 1-15 所示，多个线程共享进程内存，但两个并发运行的进程不共享内存或任何其他资源，例如文件描述符。换句话说，不同的并发进程各有自己的地址空间，而同一进程中的多个线程则共享该进程的地址空间。每个线程也有自己的堆栈，该堆栈用于在进程调用之后返回，并且还在堆栈上创建了作用域在本地的变量。这些元素之间的关系如图 1-16 所示。

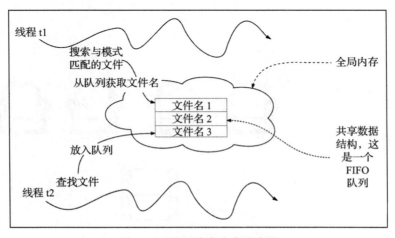

图 1-16　线程共享内存示意图

如图 1-16 所示,两个线程都通过进程的全局内存进行通信。有一个 FIFO (先进先出)队列,生产者线程 t1 在其中输入文件名,而消费者线程 t2 则在条件允许时从中获取队列条目。

这个数据结构有什么作用?它的工作原理与前述管道类似,生产者可以根据需要或快或慢地生产产品,同样,消费者线程根据自身需要从队列中取出产品。两者都按照自己的节奏工作,互不关心,互不了解。

以这种方式交换信息看起来更简单,但是,它带来了许多问题,比如,对共享数据结构的访问需要正确同步,令人吃惊的是,这很难实现。接下来的几节将讨论各种突出的问题,我们还将看到各种回避共享状态模型而转向消息传递的范式。

1.3.1 线程交错——同步的需要

调度线程运行的方式受限于操作系统。诸如系统负载以及机器上每次运行的进程数量等因素使线程调度变得不可预测。让我们来举一个通俗易懂的例子,这就是电影院的座位。

比方说,一部正在上映的电影吸引了大批观众,此时我们需要遵循一个协议,即通过预订座位来确定电影票,图 1-17 显示基于票务预订系统的规则。

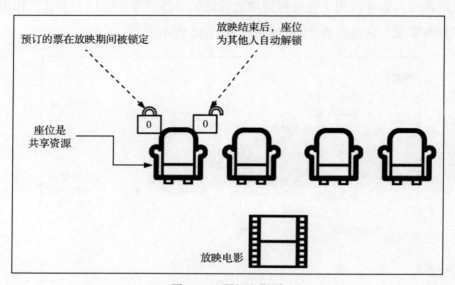

图 1-17 预订电影票

要是错误地将一张电影票同时预订给两个人会怎么样？这将造成混乱，因为两者都会理所当然地试图占据这个座位。

我们有一个框架可以确保这种情况在现实中不会发生，电影院座位由大家一起共享，电影票需要提前预订，这样，上述情况就不会发生了。

同样，线程需要锁定资源（即共享的可变数据结构），问题在于显式锁定，如果正确同步的责任在于应用程序，那么某个人在某天可能会忘记正确地执行同步，然后一切都会失控。

为了说明正确同步的必要性，图 1-18 显示两个线程共享的整数变量。

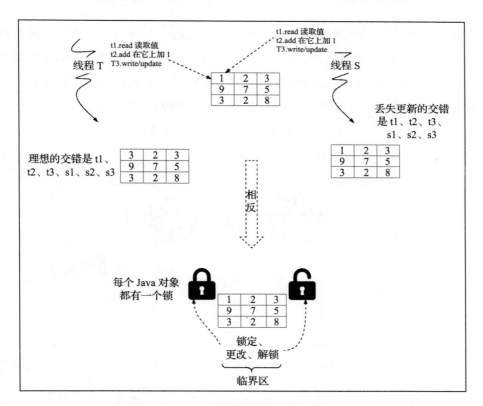

图 1-18　两个线程共享整数变量

如图 1-18 所示，如果交错恰好是正确的，那么一切可能正常。否则，我们要处理一个丢失更新（lost update）。

相反，就像充当锁的电影票一样，每个 Java 对象都有一个锁，线程会获取它，并执行状态转换，然后解锁。整个序列会是一个临界区，如果临界区需要改变一组对象，则需要分别锁定每个对象。

通常，我们建议使得临界区尽可能小，我们将在下一节讨论原因。

1.3.2 竞争条件和海森堡 bug

丢失更新是竞争条件的一个例子。竞争条件意味着程序的正确性（它的预期工作方式）取决于被调度线程的相对时机，所以有时候它运作正常，有时却不行。

这是一种非常难以调试的情况，我们需要重现一个问题来研究它，还可能在调试器中运行它。但是，困难在于竞争条件难以再现，交错指令的顺序取决于受到环境强烈影响的事件的相对时机。引起延迟的原因可能是其他正在运行的程序、网络流量、OS（操作系统）调度决策和处理器时钟速度发生变化等。包含竞争条件的程序可能在不同时间表现出不同的行为。

图 1-19 解释了海森堡 bug 和竞争条件。

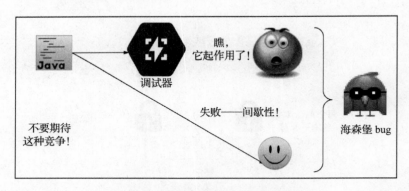

图 1-19　解释海森堡 bug 和竞争条件

这些是海森堡 bug，基本上都是非确定性的，并且很难再现。如果我们通过附带调试器来尝试调试海森堡 bug，这个 bug 可能会消失。

根本没有办法调试和修复这些 bug，但有一些支持工具，例如 tha 工具（https://docs.oracle.com/cd/E37069_01/html/E54439/tha-1.html）和 helgrind（http://

valgrind.org/docs/manual/drd-manual.html），但这些工具是特定于语言或平台的，
并不一定证明没有竞争。

显然，我们需要通过设计来避免竞争条件，因此需要研究并发模式。

1.3.3 正确的内存可见性和 happens-before 原则

还有另一个问题可能导致错误的同步：不正确的内存可见性。关键字
synchronized 可以防止多个线程都去执行临界区，该关键字同时还可以确保线
程的本地内存与共享内存正确同步，如图 1-20 所示。

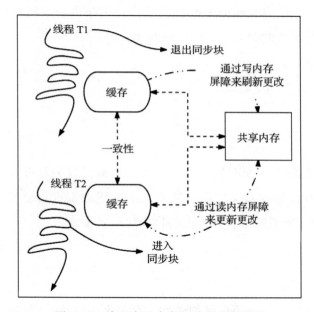

图 1-20　线程本地内存与共享内存同步

什么是本地内存？请注意，在多核 CPU 上，由于性能原因，每个 CPU 都
有一个缓存，这个缓存需要与主共享内存同步，同时还需要确保缓存一致性，
以便在 CPU 上运行的每个线程都具有共享数据的正确视图。

如图 1-20 所示，当线程退出同步块时，它会发出"写入屏障（write
barrier）"，从而将其缓存中的更改同步到共享内存。另一方面，当线程进入同
步块时，它会发出"读取屏障（read barrier）"，所以会以共享内存的最新变化来

更新它的本地缓存。

请注意，这同样不容易。实际上，非常有经验的程序员在提出双重检查锁定模式时也会犯错。根据前面的内存同步规则，发现这种看似出色的优化也存在缺陷。

有关此次优化尝试的更多信息请查看 https://www.javaworld.com/article/2074979/java-concurrency/double-checked-locking--clever--but-broken.html。

然而，Java 的 volatile 关键字可确保正确的内存可见性，你不需要只是为了确保正确的可见性而执行同步。这个关键字还可以保证排序，这是一种 happens-before 关系。happens-before 关系确保一条语句的所有"写内存"操作对另一条语句是可见的，如下面的代码所示：

```
private int i = 0;
private int j = 0;
private volatile boolean k = false;
// first thread sets values
i = 1;
j = 2;
k = true;
```

由于正在设置的 volatile，所有变量值都将被设置为具有 happens-before 关系。这意味着在设置变量 k 之后，所有之前的更改都保证已经发生了！因此，保证设置了 i 和 j 变量的值，如下面的代码片段所示：

```
    // second thread prints them
System.out.println("i = " + i + ", j = " + j + ", k = " + k) // the i and j
values will have been flushed to memory
```

但是，volatile 关键字不保证原子性。有关更多信息，请访问 http://tutorials. jenkov.com/ java- concurrency/volatile.html。

1.3.4　共享、阻塞和公平

正如进程有生命周期一样，线程也有生命周期。图 1-21 显示了各种线程状态，包括可运行、运行中和定时等待状态下的三个线程 t1、t2 和 t3。以下是每个状态的简要说明：

❏ 新建：刚刚创建 Thread 对象时，该线程还没有启动。

❑ 可运行：当在线程对象上调用 start() 函数时，其状态将更改为可运行。
如图 1-21 所示，一个线程调度器将决定在什么时候调度这个线程运行。

❑ 运行中：最后，线程调度程序从可运行线程池中选择一个线程，并将其
状态更改为运行中，这时线程开始执行，同时 CPU 开始执行该线程。

❑ 阻塞：线程正在等待监视器锁定。如前所述，对于共享资源（比如可变
内存数据结构），只有线程可以访问 / 读取 / 修改它。当线程被锁定时，
其他线程将会被阻止。

❑ 等待：等待另一个线程执行操作，线程通常在执行 I/O 时阻塞。

❑ 定时等待：线程在有限的时间内等待一个事件。

❑ 终止：线程已被终止，无法返回到任何其他状态。

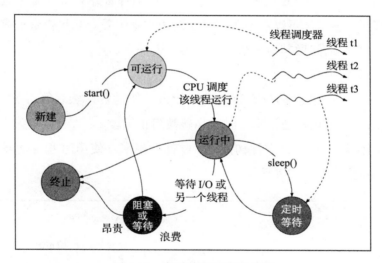

图 1-21 各种线程状态及关系

一旦等待的事件发生，线程就会回到可运行状态。

如图 1-21 所示，阻塞线程既昂贵又浪费。为什么会这样？请记住，线程本
身就是一种资源。让一个被阻止的线程去处理其他有用的事情不是很好吗？

保持较小的临界区是一种公平对待所有线程的方法，没有线程会长时间持
有锁（尽管这是可以改变的）。

我们能否避免阻塞线程，而将其用于其他用途？这就引出了异步执行与同步

执行的主题。

1.3.5 异步与同步执行

阻塞操作可以说是很糟糕了，因为它们浪费资源。所谓阻塞，我们指的是需要很长时间才能完成的操作。同步执行允许任务按顺序执行，等待当前操作完成，然后再开始下一个操作。例如，拨打电话是同步的，我们拨打号码，等待对方说"你好"，然后继续通话。

而寄信是异步完成的。一个人不会寄出一封信并停止一切活动去等待对方的回复。我们寄出它，然后去做别的事情。在未来的某个时间，我们期待对方的一个回复（如果无法投递信件，则应返回出错信息）。

另一个例子是关于餐馆午餐券的。你支付午餐费并获得一张午餐券，这是一个"承诺"，表示你可以在不久的将来使用它吃午餐。如果柜台前有很长的队列，你可以在此期间做其他事情，过会再来就餐。

这是一个异步模型。

想象一下，如果没有午餐券会发生什么。你付费，然后等待轮到你就餐，当排在队伍前面的用户还没吃完时，你就被阻止了。

同样回到软件世界，文件和网络 I/O 都有阻塞。使用阻塞驱动器的数据库调用也是如此，如图 1-22 所示。

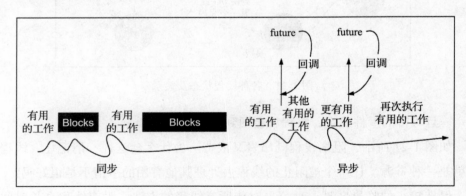

图 1-22　同步和异步的比较

我们可以将工作流看作无阻塞任务和有阻塞任务的混合体，而不是阻塞和浪费空闲线程。然后，我们使用 future 处理阻塞任务：future 是一种抽象，表示最终将完成并返回结果或错误。

这是范式中的一个变化，我们开始考虑以不同的方式设计任务，并使用更高级别的抽象来表示它们，例如 future（我们之前讨论过），而不是直接处理线程。actor 是对线程的另一种抽象，也就是另一种范式。

future 提供组合性（composability），它们是单子（monad）。你可以创建 future 操作的管道来执行更高级别的计算，我们将在后面的章节中看到这一点。

1.3.6 Java 的非阻塞 I/O

Java NIO（New IO）是 Java 的非阻塞 I/O API。这个 NIO 是标准 Java I/O API 的替代品。它提供了诸如通道、缓冲区和选择器这样的抽象。其想法是提供一种可以使用操作系统所提供的最有效的操作的实现，如图 1-23 所示。

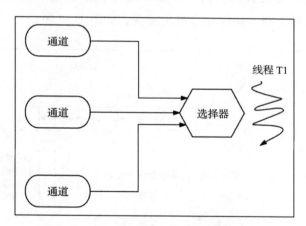

图 1-23　可以使用最有效操作的实现

通道只是一个双向 I/O 流。单个线程可以监视应用程序已打开的所有通道，到达任何通道的数据都是一个事件，并且监听线程会得到它已经到达的通知。

选择器使用事件通知：线程可以检查 I/O 是否完整，而不需要阻塞。单个线程可以处理多个并发连接。

这转化为两个主要好处：

❑ 你需要的线程更少。由于线程也会占用内存，因此内存管理的开销会减少。

❑ 当没有 I/O 时，线程可以做一些有用的事情，这为优化提供了可能，因为线程是一种有价值的资源。

Netty 框架（https://netty.io/）是一个基于 NIO 的"客户端 – 服务器"框架。Play 框架是基于 Netty 的高性能、反应式的 Web 框架。

1.4　模式和范式

脱离显式状态管理是编程中一个非常突出的主题。对于共享状态模型，我们总是需要更高级别的抽象，正如前面所解释的，显式锁定并不能解决问题。

我们将在本书中学习的各种并发模式都试图避免显式锁定。例如，不变性是一个主要主题，它为我们提供了可持久化的数据结构。可持久化的数据结构在写入时执行智能复制，从而完全避免突变，如图 1-24 所示。

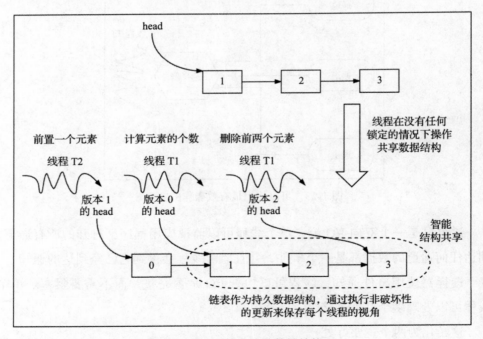

图 1-24　可持久化的数据结构

　　如图 1-24 所示，原始链表有三个元素 {1,2,3}，链表的头元素的值为 1，线程 T1 开始计算链表中元素的个数。

　　在任何时间点，线程 T2 都可以将元素添加到原始链表中，并且这不会扰乱线程 T1 的世界，它仍然应该可以看到原始链表。换句话说，T1 看到的链表版本得到了保存。链表中发生任何更改都会导致创建新版本的数据结构，因为所有的数据结构版本都在需要的时候存在（即可持久化），所以我们不需要任何锁定。

　　同样，线程 T2 删除前两个元素是通过将其头部设置为第三个元素来实现的；再次，这将不会扰乱 T1 和 T2 所见的状态。

　　这基本上就是写时拷贝技术（copy-on-write），不可变性是函数式编程语言的基石。

　　典型的并发模式是主动对象（active object）模式。例如，如何使用来自多个线程的遗留代码库？代码库是在不考虑并行性的情况下编写的，并且状态遍布四周，几乎不可能弄明白。

　　brute-force 算法可能是将代码打包在一个大的 God 对象中。每个线程都可以锁定这个对象、使用它和放弃锁定。但是，这种设计会损害并发性，因为这意味着其他线程必须等待。相反，我们可以使用主动对象模式，如图 1-25 所示。

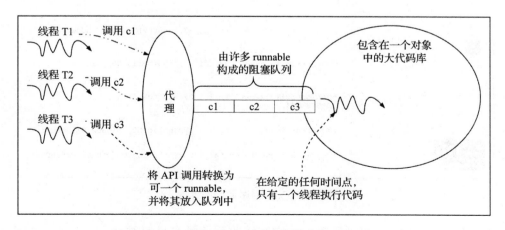

图 1-25　主动对象模式

要使用这个主动对象，将有一个代理位于调用者线程和实际代码库之间，它把对 API 的每次调用转换为 runnable，并将其放入阻塞队列（线程安全的 FIFO 队列）。

在 God 对象中只有一个线程运行时，它将逐个执行队列中的 runnable，与典型的 Java 对象方法的被动调用方式形成对比，在这里，对象本身执行放在队列上的工作，因此才有术语"主动对象"。

本章的余下部分描述经过多年发展起来的许多模式和范式，这些模式和范式用于避免共享状态的显式锁定。

1.4.1　事件驱动的架构

事件驱动编程是一种编程风格，在这种风格中，代码对事件（如按键或鼠标单击）进行响应，简而言之，程序流由事件驱动。

GUI 编程是事件驱动编程的一个例子。例如，X Windows（驱动大多数 Linux GUI）处理一系列 XEvent。每一次按键以及鼠标按钮的按下、释放和鼠标的移动都会产生一系列事件。如果你使用的是 Linux，则会有一个名为 xev 的命令，通过终端运行它会产生一个窗口，在窗口上移动鼠标或按某些键时，可以看到生成的事件。

图 1-26 是在 Linux 笔记本电脑上用 xev 程序捕获的事件。

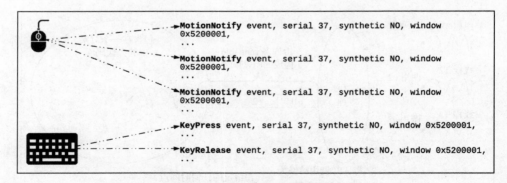

图 1-26　xev 程序捕获的事件

你可以插入一个回调函数，让它在接收到此类事件时被触发。例如，编辑

器程序可以使用 keypress 事件来更新其状态（导致其文档被编辑），传统的事件
驱动编程可能会创建复杂的回调函数流，从而很难发现代码中的控制流。

事件驱动架构（EDA）有助于解耦系统的模块。组件使用封装在消息中的
事件进行通信，发出事件的组件对事件消费者一无所知，这使得 EDA 的耦合
极度松散。该体系结构本质上是异步的，事件消息的生产者不知道谁是消费者。
此过程如图 1-27 所示。

图 1-27　事件驱动架构

有了一个线程和"事件循环"，还有快速执行的回调，这样，我们就有了一
个很好的体系架构。这一切与并发有什么关系？这样就可以在一个线程池中运
行多个事件循环。线程池是一个基本概念，我们将在后面的章节中讨论它。

正如我们所看到的，事件循环管理事件。事件被传递到一个已安装的处理
程序，并在其中进行处理。处理程序对事件的反应有两种结果：成功或失败。
失败作为另一个事件再次传递给事件循环，由异常处理程序相应地决定要做出
何种反应。

1.4.2　响应式编程

响应式编程（reactive programming）是一种相关的编程范式。电子表格程
序是响应式应用程序的一个很好的例子，如果我们设置一个公式并更改任何列
值，则电子表格程序会做出反应，并计算新的结果列。

消息驱动体系结构（message-driven architecture）是响应式应用程序的基
础，消息驱动的应用程序可以是由事件驱动的或基于 actor 的，或者是两者的
组合。

图 1-28 是可观察组合的示意图。

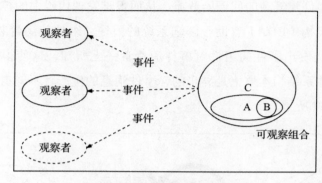

图 1-28　可观察组合

可组合事件流（event stream）使事件处理更容易理解。响应性扩展（Rx）是一个提供可组合可观察对象的框架。这个框架的核心是具有函数风格的观察者模式（observer pattern），该框架允许我们组合多个可观察对象，观察者以异步方式获得结果事件流。有关更多信息请参阅 http://reactivex.io/intro.html。

组合函数如图 1-29 所示。

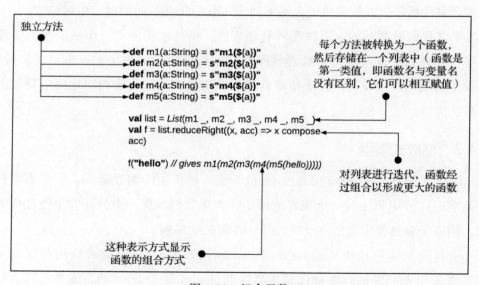

图 1-29　组合函数

这个 Scala 代码显示了 5 种独立方法，每种方法都被转换为一个函数，然后被收集到一个变量 list 中。reduceRight 调用遍历此列表，并将所有函数组合成更大的函数 f。

f("hello") 调用显示组合成功！

1.4.3　actor 范式

所有这些并发编程都很棘手。什么是正确的同步和可见性呢？要是我们可以回到更简单的顺序编程模型，并让平台为我们处理并发性，又会怎样呢？

请看图 1-30。

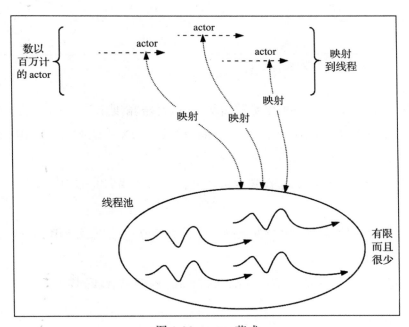

图 1-30　actor 范式

actor 是线程的抽象，我们只使用消息传递模型来编写代码，与 actor 对话的唯一方法是向其发送消息。

回顾一下我们的 UNIX shell 模型，它采用了并发性，但我们不直接处理它。通过使用 actor，我们就可以像为"顺序消息处理器"编程一样编写代码。

但是，我们需要了解底层线程模型。例如，我们应该始终使用 tell 而不是 ask 模式，如图 1-31 所示。在 tell 模式中，我们向 actor 发送消息，然后忘记它，也就是说，不会为等待答案而造成阻塞。本质上，这是异步方式。

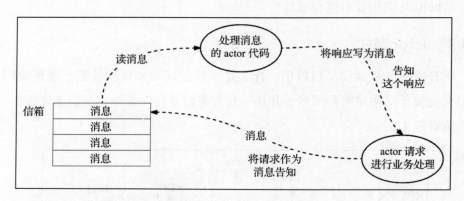

图 1-31 actor 采用 tell 模式

actor 是轻量级实体（线程是重量级），从经济角度来讲，actor 的创造和销毁类似于 Java 对象的创建和销毁，正如在设计 UNIX 管道时不用考虑成本（主要关注完成工作），actor 给了我们同样的自由。

这些 actor 还允许添加监督和重启功能，从而使我们能够编写既健壮又灵活的系统。

actor 作为一种设计是相当古老的，该范式曾在电信领域使用 Erlang 语言进行过尝试和测试。

我们将在即将到来的章节中详细介绍 actor 模型和 Akka 库。

1.4.4　消息代理

消息代理（message broker）是一种架构模式，该模式用于通过"消息驱动范式"来集成应用程序。例如，你可以创建一个 Python 应用程序，并将其与另一个用 C 或 Java 编写的应用程序集成。对于企业来说，集成是至关重要的，因为不同的应用程序可以相互合作。

这里显然暗含并发处理。由于生产者和消费者完全解耦（它们甚至不知道其他方是否存在），生产者和消费者应用程序甚至可以运行在不同的机器上，从而能够重叠处理，并提高整体吞吐量，如图 1-32 所示。

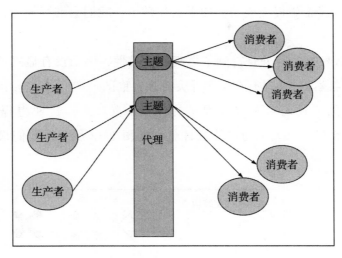

图 1-32　消息代理

当你开始考虑并发系统时，解耦实际上是一个核心概念。由松散耦合的组件系统构成的设计系统为我们带来了许多好处。例如，我们可以重用组件，以减少开发和维护成本。它还为实现更大的并发铺平了道路。

当生产者生成消息的速度太快时会发生什么？代理将缓冲消息。这实质上意味着会有一种固有的流控制机制，一个行动缓慢的消费者可以按自己的节奏消费，同样，生产者可以用更快的速度生产消息，由于双方都看不见对方，因此整个系统可以顺畅运作。

1.4.5　软件事务性内存

数据库事务的思想也基于并发的读取和写入。事务表示一个原子操作，这意味着操作中的所有步骤要么全部完成，要么全部不完成。如果所有操作都完成，则事务成功，否则，事务将中止。软件事务性内存（STM）是一个类似的并发控制机制，它也是一种不同的范式，是基于锁来实现同步的替代方案。

就像数据库事务一样，线程做出修改，然后尝试提交更改。当然，如果其他事务获胜，则回滚并重试。如果出现错误，则事务中止，然后再次重试。

这种方案称为乐观锁定，在这里，我们不关心其他可能的并发事务，我们只是做出改变，希望提交成功。如果它失败了，我们会继续努力，直到它最终成功。

这有什么好处？好处是得到了更高的并发性，因为没有显式锁定，并且所有线程都在继续前进，只有在发生冲突时才会重试。

STM 简化了我们对多线程程序的理解，反过来，这使得程序更容易维护，每个事务都可以表示为单线程计算，如图 1-33 所示，我们根本不用担心锁定。

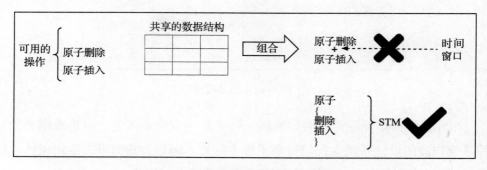

图 1-33　软件事务性内存示例

可组合性是一个很大的主题：基于锁的程序不能组合。你不能进行了两个原子操作，并从中再创建一个原子操作，你需要专门为它们编写临界区。另一方面，STM 可以将这两个操作包装在事务块中，如图 1-33 所示。

1.4.6　并行集合

假设我正在向你描述一些令人兴奋的新算法，我首先会讲该算法是如何利用哈希表的，通常认为这样的数据结构全部驻留在内存中、被锁定（如果需要的话），并由一个线程处理。

例如，有一个数字列表，假设我们要对所有这些数字求和，这个操作可以通过使用线程在多个内核上并行执行。

现在，我们需要远离显式锁。并发处理列表的抽象是非常好的想法。它会拆分列表，对每个子列表运行函数，并在最后整理结果，如图 1-34 所示，这是典型的 MapReduce 范式。

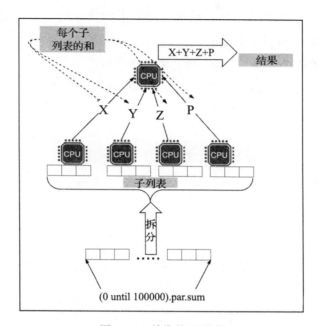

图 1-34　并发处理列表

图 1-34 显示一个已并行化的 Scala 集合，以便在内部使用并发。

如果数据结构太大，以至于不能完全容纳在一台机器的内存中又该怎么办？我们可以将集合分散到一组机器上。

Apache Spark 框架为我们做到了这一点。Spark 的弹性分布式数据集（RDD）是一个分区集合，它将数据结构分散到集群机器上，因此可以处理大量集合，通常用于执行分析处理。

1.5　本章小结

亲爱的读者，这是一次并行世界的旋风之旅，对于许多你可能已经知道的事情，它更像是一种记忆式的回顾。

我们发现，并发性在现实世界以及软件世界中非常普遍。我们学习了消息传递和共享内存模型，并看到很多影响这两个模型的常见主题。

如果共享内存模型使用显式锁定，则会出现许多问题。我们讨论了竞争条件、死锁、临界区和海森堡 bug。

我们还讨论了异步性、actor 范式和软件事务性内存。现在我们掌握了所有这些背景知识，在下一章中，我们将介绍一些核心并发模式。

第 2 章 *Chapter 2*

并发模式初探

在前一章中，我们讨论了竞争问题。其实，在现实生活中也充满着竞争（下面的例子是假设的）。鉴于目前发达的通信技术，人们在日常生活中很少会错过约会。但是，假如没有这些技术，让我们看看又会怎么样。假设今天是星期五，我准备下班回家，然后计划去吃晚饭和看电影。我打电话给我的妻子和女儿，让他们提前到达电影院。然而，在开车回家的路上，我遇上了周五晚上的交通高峰而被堵在路上。由于我未及时赶到，我的妻子决定带着女儿去散步，并去拜访一位住在附近的朋友，和他聊天叙旧。

与此同时，我到达了电影院，停好车并立刻走进电影院。然而，我却没看到我的妻女，所以决定去附近的餐馆找她们。当我在餐馆寻找她们时，她们来到了电影院，却没有发现我在那里。所以，她决定去停车场看看。

这种情况可能会一直持续下去，最终我们可能错过周五的电影和晚餐。但是，由于有了手机，我们可以轻松地同步我们的行程，在电影院及时相遇。

在本章中，我们将研究线程的上下文，理解这个概念对于理解 Java 的并发工作方式至关重要。我们首先研究单例设计模式（singleton design pattern）和共享状态问题。但在此之前，我们先来看一些背景信息。

https://github.com/PacktPublishing/Concurrent-Patterns-and-Best-Practices 提供完整的代码文件。

2.1 线程及其上下文

正如我们在第 1 章中所看到的，进程是线程的容器。进程具有可执行代码和全局数据，所有线程与同一进程的其他线程共享这些东西。如图 2-1 所示，二进制可执行代码是只读的，它可以由线程自由共享，因为不存在任何可变性。

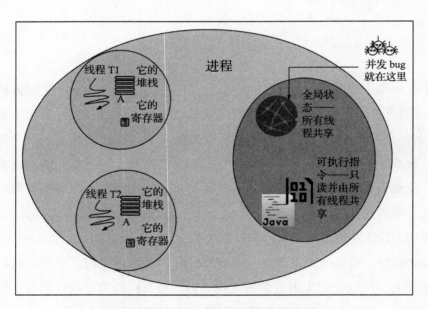

图 2-1　线程上下文使运行时信息相互独立

但是，全局数据是可变的，如图 2-1 所示，这正是并发错误的根源！我们将在本书中研究的大多数技术和模式都是为了避免此类错误。

同一进程的线程同时运行，在只有一组寄存器的情况下，这是如何实现的？答案是"线程上下文"，此上下文有助于使线程运行时信息始终独立于另一个线程，线程上下文包含寄存器集和堆栈。

图 2-1 显示线程上下文的各个部分。

当调度程序抢占正在运行的线程时，它会备份线程上下文，也就是说，它会保存 CPU 寄存器和堆栈的内容。接下来，它选择另一个可运行的线程并加载其上下文，这意味着它会将线程寄存器的内容还原为与上次一样（它的堆栈也会还原为与上次一样，依此类推），然后继续执行线程。

那么可执行二进制代码呢？运行相同代码的进程可以共享同一块代码，因为代码在运行时不会更改。（例如，共享库的代码在进程间共享。）

图 2-2 是一些简单的规则，用于理解由各种变量表示的状态的线程安全方面。

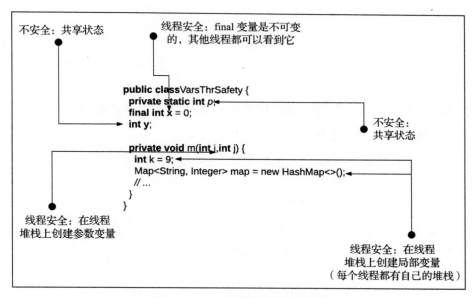

图 2-2　final 变量是线程安全的

如图 2-2 所示，final 变量和局部变量（包括函数参数）始终是线程安全的，你不需要任何锁来保护它们。final 变量是不可变的（即只读），因此不存在多个线程同时更改值的问题。

final 变量在可见性方面也享有特殊地位，稍后我们将详细介绍这意味着什么。可变静态实例变量是不安全的，如果它们不受保护，我们可以轻松创建竞争条件。

2.2　竞争条件

我们先来研究一些并发错误。下面是一个递增计数器的简单示例：

```
public class Counter {
  private int counter;
  public int incrementAndGet() {
    ++counter;
    return counter;
}
```

这个代码不是线程安全的，如果两个正在运行的线程并发地使用同一对象，则每个线程获取的计数器值序列基本上是不可预测的，原因是"++counter"操作，这个看起来很简单的语句实际上由三个不同的操作组成：读取新值、修改新值并保存新值。

如图 2-3 所示，线程的执行是相互不知道的，因此会在不知情的情况下发生干预，从而造成丢失更新。

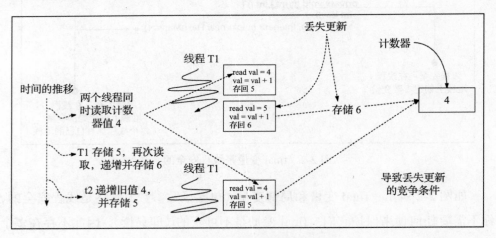

图 2-3　一个简单的递增计数器

以下代码说明单例设计模式（singleton design pattern）。从时间和内存方面来看，创建 LazyInitialization 实例是很昂贵的，所以，我们接管对象创建。想法是将创建延迟到第一次使用时，然后只创建一个实例并重用它：

```
package chapter02;

public class LazyInitialization {
  private LazyInitialization() { } // force clients to use the factory
method
  // resource expensive members—not shown
  private volatile static LazyInitialization instance = null;

  public static LazyInitialization getInstance() {
    if(instance == null)
      instance = new LazyInitialization();
      return instance;
  }
}
```

当我们想要接管实例创建时，一个常见的设计技巧是使构造函数私有化，从而迫使客户端代码使用我们的 public 修饰的工厂方法 getInstance()。

单例模式和工厂方法模式是著名的"四人组"（GOF）一书中众多创造性设计模式中的两种。这些模式有助于我们强制进行设计决策，例如，在这里确保我们只有一个类实例。对单例的需求非常普遍，单例的典型示例是日志记录服务，线程池也表示为单例（我们将在下一章中介绍线程池）。在树形数据结构中，单例作为哨兵节点，用来表示终端节点。一个树可以有数千个节点来保存各种数据项，但是，终端节点没有任何数据（根据定义），因此终端节点的两个实例完全相同。通过将终端节点设置为单例，可以利用此性质，从而节省大量的内存。在遍历树时，编写条件语句来检查是否命中了哨兵节点是很简单的：只需比较哨兵节点的引用。有关更多信息，请参阅 https://sourcemaking.com/design_patterns/null_ object。Scala 的 None 是一个 null 对象。

在第一次调用 getter 方法时，我们创建并返回新实例。对于后续调用，将返回相同的实例，从而避免昂贵的构造过程，如图 2-4 所示。

为什么我们需要将实例变量声明为 volatile ？因为这时编译器能优化我们的代码。例如，编译器可以选择将变量存储在寄存器中，当另一个线程初始化实例变量时，第一个线程可能有一个旧副本，如图 2-5 所示。

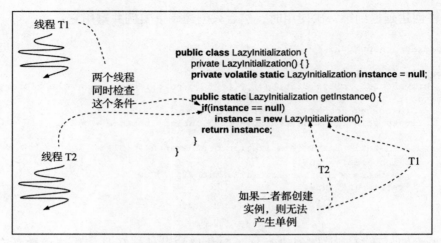

图 2-4 单例模式和工厂方法示例

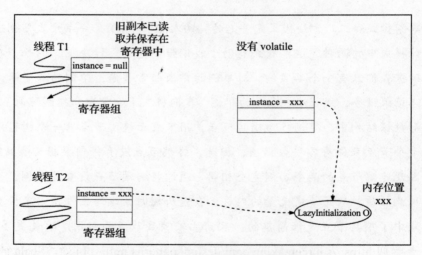

图 2-5 将实例变量存储在寄存器中

通过一个关键字 volatile 可以解决这个问题。在写入之后，实例引用始终使用内存屏障（Store Barrier）保持最新，并在读取之前使用加载屏障（Load Barrier）。内存屏障使所有 CPU（以及在它们上执行的线程）都知道状态的更改，如图 2-6 所示。

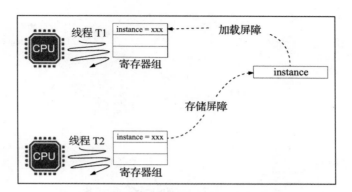

图 2-6　内存及加载屏障使所有 CPU 保持更新

同样，加载屏障（Load Barrier）让所有 CPU 能读到最新值，从而避免过时状态问题。有关更多信息，请参阅 https://dzone.com/articles/memory-barriers-fences。

该代码中存在竞争条件。两个线程都检查条件，但有时，第一个线程尚未完成对象的初始化。（请记住，初始化对象比较昂贵，这也是我们要先完成这些烦琐手续的原因。）与此同时，第二个线程被调度，获取引用并开始使用它，也就是说，它开始使用部分构造的实例，这将是一个 bug。

这个"部分构造的实例"是如何实现的？ JVM 可以重新排列指令，所以实际结果不会改变，但性能会提高。

当正在执行 LazyInitialization() 表达式时，它可以首先分配内存，并将已分配内存的位置引用返回给实例变量，然后启动对象的初始化。由于引用是在构造函数已经有机会执行之前返回的，所以它会产生一个其引用不为空的对象，然而，构造函数还没有完成。

由于执行了部分初始化的对象，可能会导致一些神秘的异常，并且它们很难重现！让我们看看图 2-7 所示的情况。

诸如此类的竞争条件基本上是不可预测的，线程的调度时间取决于外部因素。大多数情况下，代码将按预期工作，然而，偶尔也会出现问题。那么，如前所述，我们应该如何调试呢？

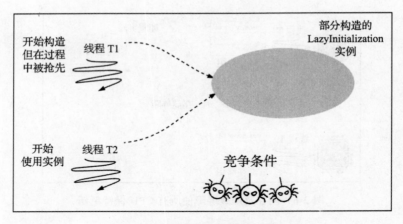

图 2-7　部分初始化对象被抢先

　　调试器将无济于事，我们需要确保竞争不会因设计而发生。接下来，让我们进入监视器模式学习。

2.2.1　监视器模式

　　我们之前看到的递增计数器的操作包括以下步骤：

```
/* the counter case */
read existing counter value // should not be stale
increment the value
write it back

/* singleton case */
if (instance == null)
 create the object and return its reference
 else
    return the instance
```

　　这些步骤应该是原子的，即不可分割，要么线程执行所有这些操作，要么一个都不执行。监视器模式的作用是使这样的操作序列原子化，Java 通过其 synchronized 关键字来提供监视器：

```
public class Counter {
  private int counter;
  public synchronized int incrementAndGet() {
    ++counter;
    return counter;
  }
}
```

如代码所示，现在，计数器代码是线程安全的。每个 Java 对象都有一个内置锁，也称为内部锁（intrinsic lock）。进入同步块（synchronized block）的线程将获取此锁，锁一直保持到块执行为止。当线程退出方法时（因为它执行完成或由于异常），锁被释放，如图 2-8 所示。

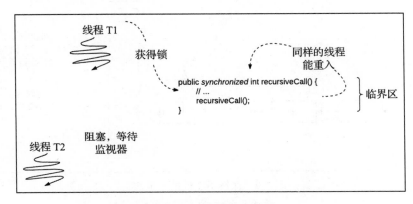

图 2-8　同步块的内部锁

同步块是可重入的：持有锁的同一线程可以再次进入块，否则，如图 2-8 所示，将导致死锁。这种情况下，线程本身不会往下推进，因为它在等待锁（由它自己在第一位持有锁）被释放，显然，其他线程将被锁定，从而使系统停止运行。

2.2.2　线程安全性、正确性和不变性

不变性是了解代码正确性的一个好工具。例如，对于单链表，我们可以说最多有一个非空节点的 next 指针为空，如图 2-9 所示。

在图 2-9 中，第一部分显示带不变性的单链表。我们想在最后一个值为 19 的节点之前，添加一个值为 15 的节点。当插入算法在调整指针链的过程中，第二部分显示它已将节点 c 的 next 指针设置为 null 之前的状态。

无论是顺序的单线程模型还是多线程模型，都应该保持代码不变性。

显式同步使得违反不变性的系统状态可能暴露，对于该链表示例，我们必须同步数据结构的所有状态，以确保始终保持不变性。

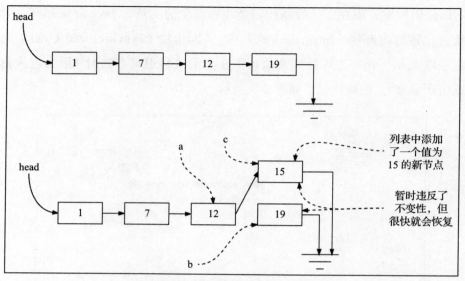

图 2-9　保持不变性的单链表

　　假设有一个 size() 方法计算列表节点数。当第一个线程位于第二个快照（处于插入节点过程中间）时，如果另一个线程访问第二个快照并调用 size()，我们就会遇到一个讨厌的错误。只是在偶然情况下，size() 方法会返回 4，而不是预期的 5，那可调试性如何呢？

2.2.2.1　顺序一致性

　　另一个了解并发对象的工具是顺序一致性（Sequential Consistency），请考虑如图 2-10 所示的执行流程。

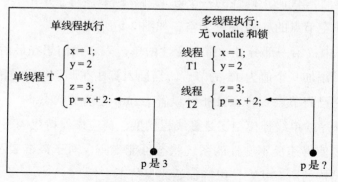

图 2-10　顺序一致性示例

如图 2-10 所示，我们通过假设 x 的值为 1 来阅读和理解代码，同时计算 p 的赋值。我们从顶部开始，向下进行，它是如此直观，明显是正确的。

左侧执行过程是顺序一致的，因为我们在评估后面的步骤时看到了先前步骤的结果。

然而，Java 内存模型在后台不是按这种方式工作。虽然对我们隐藏了，但是其实并不是线性的，因为代码针对性能进行了优化。然而，运行时间可以确保满足我们的期望，在单线程世界中一切都很好。

当我们引入线程时，事情并不那么乐观。如图 2-10 的右侧所示，在计算 p 时，无法保证线程 T2 能读取 x 变量的正确的最新值。

锁定机制（或 volatile）保证了正确的可见性语义。

2.2.2.2　可见性和 final 字段

众所周知，final 字段是不可变的，一旦在构造函数中初始化，之后就无法更改。final 字段对其他线程是可见的，我们不需要任何机制，如锁定或 volatile 来实现这一点，如图 2-11 所示。

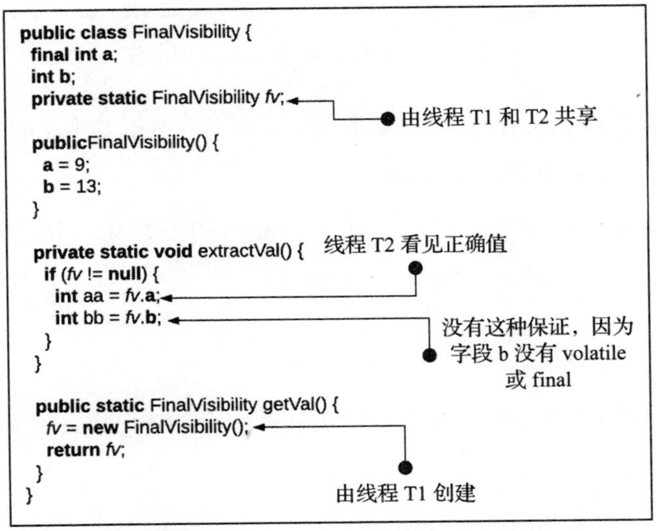

图 2-11　final 字段对其他线程可见

如图 2-11 所示，两个线程共享 fv 静态字段，a 字段声明为 final，并在构造函数中初始化为值 9。在 extractVal() 方法中，a 的正确值对其他线程可见。

　　然而，b 字段却没有这样的保证。因为它被声明时，修饰符既不是 final 字段，也不是 volatile，并且没有锁定，我们不能明确 b 的值，其他线程同样如此。

　　但是有一个问题，final 字段不应该从构造函数中泄漏。

　　如图 2-12 所示，在构造函数执行完成之前，this 引用被泄露给 someOtherServiceObj 的构造函数。可能有另一个线程同时使用 someOtherServiceObj，这样就会间接使用 FinalVisibility 类实例。

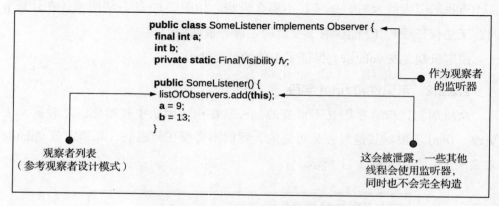

图 2-12　final 字段从构造函数中泄露

　　由于 FinalVisibility 构造函数尚未完成，因此 final 字段 a 的值对于其他线程是不可见的，从而出现海森堡 bug。

　　有关更多信息和有关从构造函数中泄漏引用的讨论，请参阅 http://www.javapractices.com/topic/TopicAction.do?Id=252。

2.2.3　双重检查锁定

　　我们可以使用"内在锁"编写单例的线程安全版本。
　　请看这里：

```
public synchronized static LazyInitialization getInstance() {
  if(instance == null)
    instance = new LazyInitialization();
  return instance;
}
```

由于该方法是同步的，因此任何时候只有一个线程可以执行它。如果多个线程多次调用 getInstance()，该方法很快就会成为瓶颈。其他竞争访问此方法的线程将阻塞等待锁，并且在此期间将无法执行任何有效的操作，系统的活力将受到影响，这个瓶颈会对系统的并发性产生不利影响。

这促成双重检查锁定模式技术的开发，如下面的代码片段所示：

```
public class LazyInitialization {
  private LazyInitialization() {
    } // force clients to use the factory method
    // resource expensive members—not shown

  private volatile static LazyInitialization instance = null;

  public static LazyInitialization getInstance() {
    if (instance == null) {
      synchronized (LazyInitialization.class) {
      if (instance == null) {
        instance = new LazyInitialization();
      }
    }
    return instance;
  }
}
```

这是一种机智的想法：锁可确保安全地创建实际实例。由于 volatile 关键字，其他线程要么得到空值，要么得到更新的实例值。如图 2-13 所示，代码仍然是不完整的。

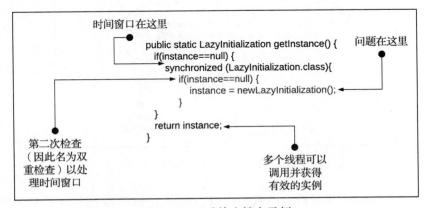

图 2-13　双重检查锁定示例

我们暂停一下来研究代码。第一次检查后有一个时间窗口，在这里可以进行上下文切换，另一个线程有机会进入同步块，我们在这里同步一个锁变量："类锁"。第二次检查是同步的，并且只由一个线程执行，假设它是 null。然后，拥有锁的线程向前推进，并创建实例。

一旦它退出块并继续执行，其他线程将依次访问锁。它们应该发现实例已被完全构造，因此它们使用完全构造的对象，我们要做的是安全地发布共享的实例变量。

2.2.3.1 安全发布

当一个线程创建一个共享对象时（如本例所示），其他线程也想使用它。"安全发布"这个术语是指创建者线程将对象作为已可供其他线程使用的状态进行发布。

问题是，只是用 volatile 修饰该实例变量并不能保证其他线程看到一个完全构造的对象。volatile 适用于实例引用发布本身，但如果指称对象（在本例中为 LazyInitialization 对象）包含可变成员，则不适用。在这种情况下，我们可以得到部分初始化的变量，如图 2-14 所示。

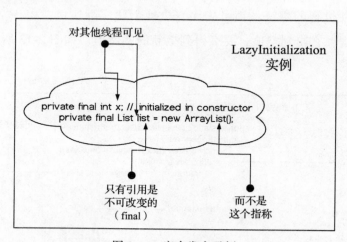

图 2-14 安全发布示例

当 LazyInitialization 构造函数退出时，所有 final 字段都被保证对访问它们的其他线程可见。有关 final 关键字与安全发布之间关系的更多信息，请参阅 https://www.javamex.com/tutorials/synchronization_final.shtml。

使用 volatile 关键字并不能保证可变对象的安全发布。你可以在这里找到关于这个问题的讨论：

https://wiki.sei.cmu.edu/confluence/display/java/CON50J.+Do+not+assume+that+declaring+a+reference+volatile+guarantees+safe+publication+of+the+members+of+the+referenced+object。

接下来我们将学习一个设计模式，它简化了实例的延迟创建，而不需要所有这些复杂性。

2.2.3.2　初始化 Demand Holder 模式

我们似乎陷入了困境。一方面，我们不想为不必要的同步付出代价；另一方面，双重检查锁定是断开的，可能会发布一个部分构造的对象。

以下代码段显示了延迟加载的单例。生成的代码很简单，不依赖于细微的同步语义，相反，它利用了 JVM 的类加载语义：

```
public class LazyInitialization {
  private LazyInitialization() {
  }
  // resource expensive members—not shown

  private static class LazyInitializationHolder {
    private static final LazyInitialization INSTANCE = new
LazyInitialization();
  }

    public static LazyInitialization getInstance() {
        return LazyInitializationHolder.INSTANCE;
    }
}
```

getInstance() 方法使用静态类 LazyInitializationHolder，当首次调用 getInstance() 方法时，JVM 将加载这个静态类。

现在，Java 语言规范（JLS）确保类初始化阶段是按顺序的。所有后续的并发执行都将返回相同且被正确被初始化的实例，而且无须任何同步。

该模式利用了这个功能，以完全避免任何锁定，并且仍然实现了正确的"懒惰"初始化语义。

单例模式经常被批评，因为它表现为全局状态。但是，正如我们所看到的，有时我们仍然需要它们的功能，并且这种模式是一个很好的可重用解决方案，也就是说，它是一个并发设计模式。

你还可以使用枚举来创建单例，有关此设计技术的更多信息，请参阅 https://dzone.com/articles/java-singletons-using-enum。

2.2.4 显式锁定

synchronized 关键字是一种内部锁机制，它非常方便，但也有一些限制。例如，我们不能中断等待内部锁的线程，在获取锁时也决不允许超时等待。

有一些用例需要这些功能，在这种情况下，我们使用显式锁。Lock 接口允许我们克服这些限制，如图 2-15 所示。

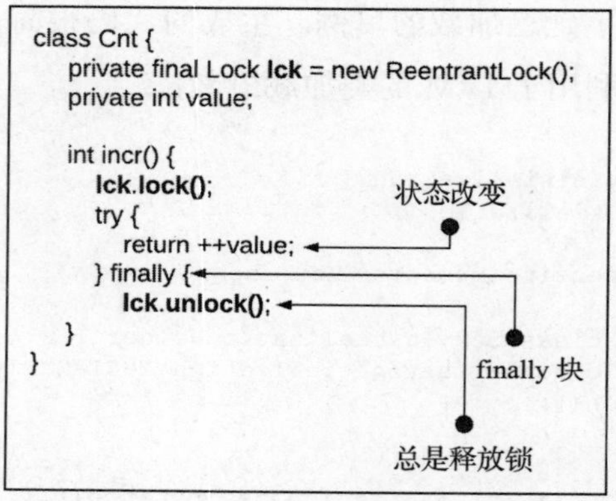

```
class Cnt {
    private final Lock lck = new ReentrantLock();
    private int value;

    int incr() {
        lck.lock();                              状态改变
        try {
            return ++value;
        } finally {
            lck.unlock();
        }                                        finally 块
    }
}
                                                总是释放锁
```

图 2-15 使用 lock 接口

ReentrantLock 具备 synchronized 关键字的功能。已经持有它的线程可以再次获取它，就像使用同步语义一样。在这两种情况下，内存可见性和互斥保证都是相同的。

此外，ReentrantLock 为我们提供了非阻塞 tryLock() 和可中断锁定。

我们承担使用 ReentrantLock 的责任，即使是例外情况，我们也需要确保通过所有返回路径释放锁定。

这种显式锁让我们可以控制锁的粒度，在这里，我们可以看到一个使用排序链表实现的并发集合数据结构的示例：

```
public class ConcurrentSet {
```

其中，该并发集合持有一个节点链表（节点类型是 Node），它的定义如下：

```
private class Node {
  int item;
  Node next;

  public Node(int i) {
    this.item = i;
    }
}
```

Node 类表示链表的一个节点类型，下面是构造函数：

```
public ConcurrentSet() {
  head = new Node(Integer.MIN_VALUE);
  head.next = new Node(Integer.MAX_VALUE);
}
```

图 2-16 显示构造函数执行完成后的状态。

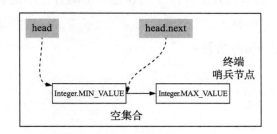

图 2-16　构造函数执行完成后的状态

如图 2-16 所示，默认构造函数初始化一个空的集合，这是一个由两个节点组成的链表。头节点始终保持最小值（Integer.MIN_VALUE），最后一个节点包含最大值（Integer.MAX_VALUE）。使用这样的哨兵节点是一种常见的算法设计技术，它简化了其余的代码，如下所示：

```
private Node head;
private Lock lck = new ReentrantLock();
```

ConcurrentSet 也有一个名为 lck 的字段，它被初始化为 ReentrantLock。下面是我们的 add 方法：

```
private boolean add(int i) {
  Node prev = null;
  Node curr = head;

  lck.lock();

  try {
    while (curr.item < i) {
      prev = curr;
      curr = curr.next;
      }
      if (curr.item == i) {
        return false;
      } else {
      Node node = new Node(i);
      node.next = curr;
      prev.next = node;
      return true;
      }
  } finally {
      lck.unlock();
    }
}
```

add(int) 方法从获取锁开始。由于列表是一个集合，因此所有元素都是唯一的，并且元素按升序存储。

接下来是 lookUp(int) 方法：

```
private boolean lookUp(int i) {
  Node prev = null;
  Node curr = head;

  lck.lock();

  try {
    while (curr.item < i) {
    prev = curr;
    curr = curr.next;
      }
      if (curr.item == i) {
        return true;
      }
      return false;
  } finally {
      lck.unlock();
    }
}
```

lookUp(int) 方法搜索集合，如果找到参数元素，则返回 true，否则返回 false。最后，下面是 remove(int) 方法，它调整下一个指针，以便删除包含该元素的节点：

```
private boolean remove(int i) {
  Node prev = null;
  Node curr = head;

  lck.lock();

  try {
    while (curr.item < i) {
      prev = curr;
      curr = curr.next;
      }
      if (curr.item == i) {
        prev.next = curr.next;
        return true;
      } else {
         return false;
         }
  } finally {
      lck.unlock();
    }
}
```

　　问题是我们正在使用粗粒度同步：我们持有全局锁。如果集合中包含大量元素，则一次只能有一个线程执行添加、删除或查找。执行基本上是顺序的，如图 2-17 所示。

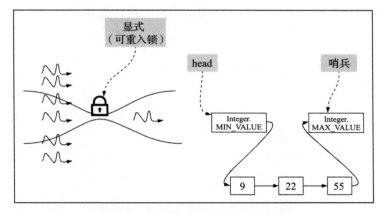

图 2-17　使用全局锁的粗粒度同步

　　同步显然是正确的，代码更容易理解。但是，由于它是粗粒度的，如果许多线程争夺锁，它们最终会等待锁。原本可以用来做有成效工作的时间却花在等待上，所以说锁是瓶颈。

2.2.4.1 手拉手模式

上一节中解释的粗粒度同步会损害并发性，因此我们可以不锁定整个列表，而是将前一个节点和当前节点都锁定来加以改进。如果线程在遍历列表时这样做（称为手拉手锁定），则允许其他线程同时处理列表，如下所示：

```
private class Node {
  int item;
  Node next;
  private Lock lck = new ReentrantLock();

  private Node(int i) {
    this.item = i;
  }

private void lock() {
  lck.lock();
}

private void unlock() {
  lck.unlock();
    }
}
```

注意，我们讨论的是锁定节点，而这需要删除我们的全局锁，并且不是在节点本身中创建锁字段。为了提高代码的可读性，我们提供了两个原语：lock() 和 unlock()，如图 2-18 所示。

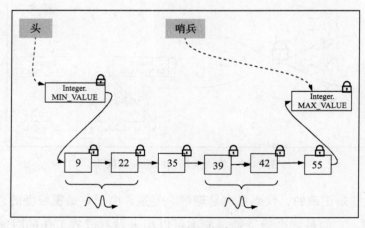

图 2-18　手拉手模式

为了使用这种模式, 我们重写了 add(int) 方法, 如下所示:

```
private boolean add(int i) {
  head.lock();
  Node prev = head;

  try {
    Node curr = prev.next;

    curr.lock();

    try {
      while (curr.item < i) {
        prev.unlock();
        prev = curr;
        curr = curr.next;
        curr.lock();
        }
      if (curr.item == i) {
        return false;
      } else {
        Node node = new Node(i);
        node.next = curr;
        prev.next = node;
        return true;
      }
      } finally {
        curr.unlock();
      }
  } finally {
      prev.unlock();
    }
}
```

与前面一样, 我们需要用 try 或 finally 来保护锁。因此, 在异常的情况下, 能够保证释放锁, 如图 2-19 所示。

前面的代码片段解释了各种并发方案。下面是 remove(int) 方法:

```
private boolean remove(int i) {
  head.lock();
  Node prev = head;

  try {
    Node curr = prev.next;

    curr.lock();

    try {
      while (curr.item < i) {
        prev.unlock();
        prev = curr;
        curr = curr.next;
```

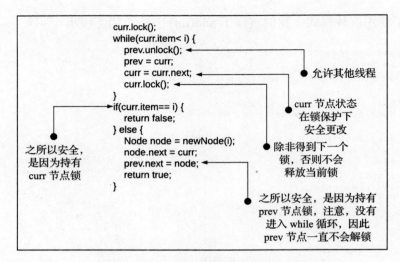

图 2-19　在发生异常时保证释放锁

```
      curr.lock();
    }
    if (curr.item == i) {
      prev.next = curr.next;
      return true;
    }
      return false;
    } finally {
      curr.unlock();
    }
  } finally {
    prev.unlock();
  }
}
```

　　remove(int) 方法移除相同行。代码对需要权衡的状况进行了平衡：它尽快解锁，但确保它同时持有 prev 节点锁和 curr 节点锁，以消除出现任何竞争条件的可能性：

```
public static void main(String[] args) {
  FGConcurrentSet list = new FGConcurrentSet();

  list.add(9);
  list.add(1);
  list.add(1);
  list.add(9);
  list.add(12);
  list.add(12);
```

```
    System.out.println(list.lookUp(12));
    list.remove(12);
    System.out.println(list.lookUp(12));
    System.out.println(list.lookUp(9));
}
// prints true, false, true
```

这段代码是一个测试驱动器，请注意，它是单线程的。通过编写一个多线程的驱动器，并产生两个或更多个共享并发集合的线程，将有助于更好地理解代码。编写的 lookUp(int) 方法类似于 add 方法和 remove 方法，留给读者自己练习。

2.2.4.2　观察后判断这是正确的吗？

为什么这段代码和手拉手模式都有效呢？这里有一些推理可以帮助我们建立对代码的信心。例如，在管理多个锁时，避免死锁是一项挑战。前面的代码是如何帮助我们避免死锁的呢？

假设线程 T1 调用 add() 方法，同时线程 T2 调用 remove()。可能出现图 2-20 中显示的情况吗？

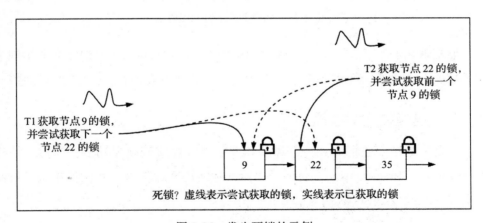

图 2-20　发生死锁的示例

这段代码保证不可能出现死锁情况。我们确保始终从头节点开始按顺序获取锁，因此，图 2-20 中的锁定顺序不可能发生。

那么如果发生两个并发 add(int) 调用呢？假设该集合的内容为 {9,22,35}，并且 T1 向集合加入 10，同时 T2 向集合加入 25。

如图 2-21 所示，总是有一个公共节点（因此总是有一个公共锁）需要被两个（或多个）线程获取，因为根据定义，只有一个线程可以获胜，从而迫使其他线程等待。

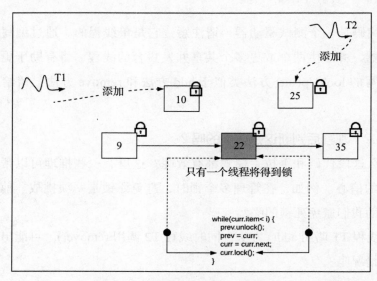

图 2-21 两个并发 add(int) 调用

很难看出我们是如何使用 Java 的内部锁（synchronized 关键字）来实现手拉手模式。显式锁为我们提供了更多控制权，并允许我们轻松地实现该模式。

2.2.5 生产者 / 消费者模式

在上一章中，我们看到线程需要相互协作才能实现重要功能。当然，协作离不开通信，ReentrantLock 允许线程向其他线程发送信号，我们使用这种机制来实现一个并发 FIFO 队列：

```
public class ConcurrentQueue {
  final Lock lck = new ReentrantLock();
  final Condition needSpace = lck.newCondition();
  final Condition needElem = lck.newCondition();
  final int[] items;
  int tail, head, count;

  public ConcurrentQueue(int cap) {
    this.items = new int[cap];
  }
```

该类在其 lck 字段中持有可重入锁。当然，它还有两个 Condition 类型的字段：need-Space 和 needElem。在这里，我们将看到如何使用它们，队列元素存储在名为 items 的数组中，如图 2-22 所示。

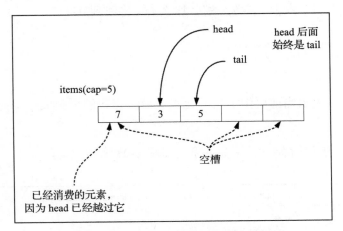

图 2-22　生产者/消费者模式的示例队列

head 指向要消费的下一个元素，同样，tail 指向一个将存储新元素的空槽。构造函数分配一个容量为 cap 的数组：

```
public void push(int elem) throws InterruptedException {
  lck.lock();

  try {
    while (count == items.length)
    needSpace.await();
    items[tail] = elem;
    ++tail;
    if (tail == items.length)
      tail = 0;
      ++count;
      needElem.signal();
    } finally {
       lck.unlock();
    }
}
```

这里有一些微妙之处，让我们先理解一下简单的东西。生产者线程尝试将这些条目（items）压入队列，它首先获取 lck 锁，该方法代码的其余部分在这个锁下执行。tail 变量持有下一个槽的索引，我们可以在那里存储新的数字。下面的代码将新元素压入队列：

```
items[tail] = elem;
++tail;
```

如果我们已经用完所有数组槽，那么 tail 将回到 0：

```
if (tail == items.length)
    tail = 0;
++count;
```

count 变量表示当前可供消费的元素个数。当我们再生成一个元素时，count 会递增。

接下来，让我们看一下并发方面，如图 2-23 所示。

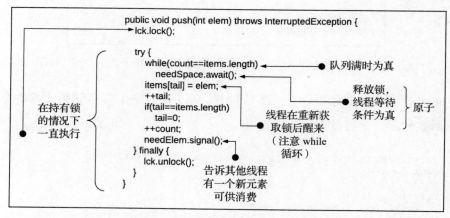

图 2-23　push 方法处理队列并发示例

由于 items 数组具有有限的容量（它最多可以容纳 cap 个元素），因此我们需要处理队列已满的情况，此时，生产者需要等待消费者从队列中取得一个或多个元素。

此等待通过调用 needSpace 条件变量的 await() 来完成。重要的是要意识到，线程被设置为等待和锁 lck 被释放，这是两个原子操作。

假设有线程已从队列中消费了一个或多个条目（我们很快就会在 pop() 方法中看到这是如何做的），此时，生产者线程在获取锁后醒来，获取锁对于让其余代码正常工作是前提条件：

```
public int pop() throws InterruptedException {
  lck.lock();

  try {
    while (count == 0)
      needElem.await();
      int elem = items[head];
      ++head;
      if (head == items.length)
        head = 0;
        --count;
        needSpace.signal();
      return elem;
  } finally {
      lck.unlock();
    }
}
```

pop 方法的工作原理与此类似，除了弹出逻辑外，它是 push 方法的镜像，如图 2-24 所示。

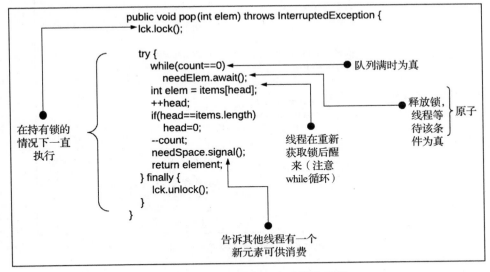

图 2-24　pop 方法处理队列并发示例

消费者线程使用以下代码从队列中弹出一个元素：

```
int elem = items[head];
++head;
```

head 移动到下一个可用元素（如果有）：

```
if (head == items.length)
  head = 0;
--count;
```

请注意，就像 tail 变量一样，我们不断回到开头。当可用元素个数减少一个时，count 则减 1。

虚假和丢失的唤醒

为什么我们需要先获得锁？当然，count 变量是生产者和消费者二者共享的状态。

还有一个原因是，我们需要在获取 lck 锁之后调用 await。如 https://docs.oracle.com/cd/E19455-01/806-5257/sync-30/index.html 所述，可能会出现图 2-25 所示的情况。

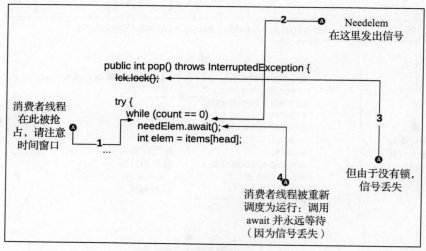

图 2-25　没锁定导致信号丢失

如图 2-25 所示，没有被锁定，因此信号丢失；没有线程被唤醒，因此信号丢失。对于正确的信号语义来说，需要锁定 await()。

在循环中检查条件也是必需的，换句话说，线程唤醒后，必须重新测试该条件，然后再继续。这是处理"虚拟和丢失的唤醒"所必需的：

```
public int pop() throws InterruptedException {
  lck.lock();

  try {
    /* while (count == 0) */
    if (count == 0) // we need a loop here
    needElem.await();
    int elem = items[head];
...
```

如果我们使用 if 条件，就会有一个潜在的 bug。由于 arcane 平台效率的原因，await() 方法可以虚假地返回（没有任何理由）。

在等到某个条件时，通常允许出现虚假唤醒，作为对底层平台语义的让步。这对大多数应用程序几乎没有实际影响，因为循环中应该始终等待一个条件，从而测试正在等待的状态谓词。自由地消除虚假唤醒的可能性是可以实现的，但建议应用程序程序员始终假设它们可以发生，因此始终在循环中等待。

上一段话引用自相关 Java 文档，其链接如下：https://docs.oracle.com/javase/8/docs/api/java/util/concurrent/locks/Condition.html。

图 2-26 是可能发生的错误情景。

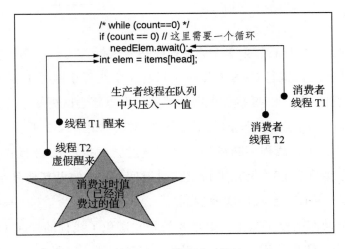

图 2-26　消费过时值

如图 2-26 所示，如果在一个循环中测试条件，生产者线程总是会醒来、再次检查并继续执行正确的语义。

2.2.6 比较和交换

锁是昂贵的,试图获取锁时被阻塞的线程会被挂起,挂起和恢复线程也是非常昂贵的。作为替代方案,我们可以使用 CAS(比较和设置)指令来更新并发计数器。

CAS 操作将处理如下项:

❑ 变量的内存位置(x)

❑ 变量的期望值(v)

❑ 需要设置的新值(nv)

CAS 操作会自动将 x 中的值更新为 nv,但前提是 x 中的现有值与 v 匹配,否则,不采取任何行动。

在这两种情况下,都返回 x 的现有值。对于每个 CAS 操作,执行以下三个操作:

1. 获得值

2. 比较值

3. 更新值

所指定的三个操作均作为单个原子机器指令执行。

当多个线程尝试执行 CAS 操作时,只有一个线程获胜并更新该值,但是,其他线程不会被挂起,CAS 操作失败的线程可以重新尝试更新。

CAS 的最大的优点是完全避免了上下文切换,如图 2-27 所示。

如图 2-27 所示,线程不断循环并试图通过尝试执行 CAS 操作来获胜。该调用采用当前值和新值,仅在更新成功时返回 true。如果其他某个线程赢了,循环就会重复,从而一次又一次地尝试。

CAS 更新操作是原子操作,更重要的是它避免了线程的挂起(以及随后的恢复)。在这里,我们使用 CAS 来实现我们自己的锁,如图 2-28 所示。

getAndSet() 方法尝试设置新值并返回前一个值。因此,如果前一个值为 false,并且我们设法将其设置为 true(请记住 compare 和 set 是原子的),那么我们已经获得锁。

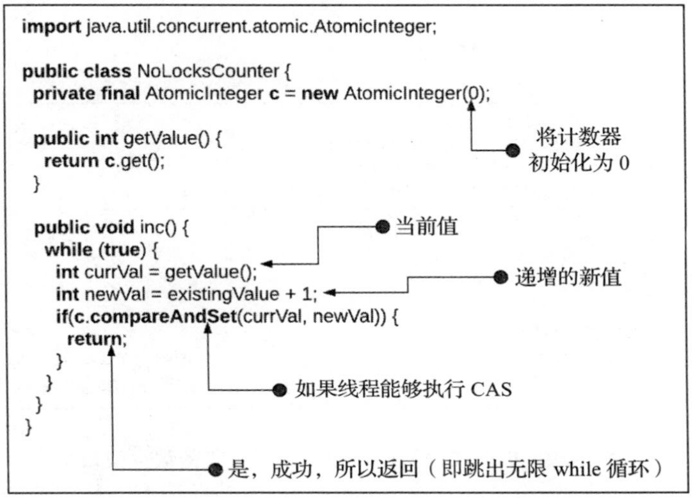

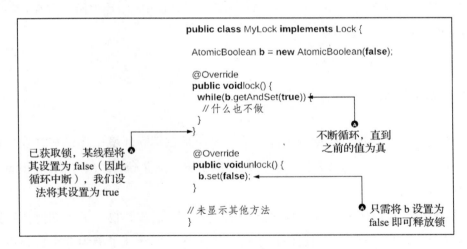

图 2-27　CAS 避免上下文切换

图 2-28　使用 CAS 实现锁

在使用 CAS 操作的情况下，通过扩展锁接口而不阻塞任何线程来实现锁定！但是，当多个线程争用锁时，会导致更激烈的争用，性能就会下降。

这就是为什么线程运行在内核上的原因。每个内核都有一个缓存，这个缓存会存储锁变量的副本。getAndSet() 调用会导致所有内核使锁的缓存副本失效，因此，当我们有更多线程和更多这样的循环锁时，会存在太多不必要的缓存失效，如图 2-29 所示。

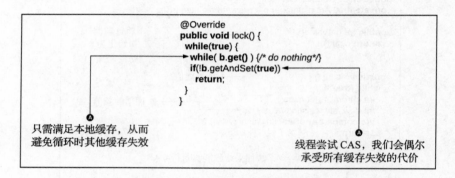

图 2-29　更多线程和循环锁导致不必要的缓存失败

之前的代码通过使用缓存变量 b 进行循环（也就是说，等待锁定）来提高性能。当 b 的值变为 false（从而意味着解锁）时，while 循环中断。现在，执行 getAndSet() 调用以获取锁。

2.3　本章小结

在这一章中，我们从竞争条件入手，无论是在实际环境中还是在并发代码中，我们看到了同步的必要性。我们还详细了解了竞争条件，并了解了 volatile 关键字的作用。

接下来，我们研究了表示程序全局状态的单例模式，也了解了如何使用监视器安全地共享状态。我们还纠正了可见性语义，并研究了称为双重检查锁定的优化。

我们研究了一个使用排序链表的并发集合实现的用例，使用锁可能导致粗粒度锁定，虽然语义上是正确的，但此方案只允许单个线程，这可能会损害并发性。

　　解决方案是使用手拉手设计模式，我们对它进行了深入的研究，了解到显式锁如何为我们提供更好的解决方案，从而既保持正确性，又提高并发性。

　　最后，我们介绍了生产者 / 消费者设计模式，我们了解了线程如何使用条件进行通信，我们还讨论了正确使用条件所涉及的微妙之处。

　　所以，亲爱的读者们，我们在这里已经讲了很多。现在，请看下一章中的更多设计模式。

更多的线程模式

在本章中，我们将介绍更多的同步模式。我们将从有界缓冲区的详细介绍开始，研究不同的设计方法，例如客户端抛出异常和轮询。我们将看到当缓冲区已满时，如何使写入者休眠（以及当缓冲区为空时，如何使读取者休眠），这样就可以实现一个简洁的客户端契约。

我们还将研究读写锁，这是一种允许要么多个并发读取者，要么允许单个写入者的原始同步。其思想是通过正确保留并发语义来增加系统的并发性。接下来，我们将研究两种变化情况：易读锁和公平锁。

随后，我们将讨论一些计数信号量，它们用于实现资源池。我们将看到如何轻松地实现此构造。

我们还实现了一个自己的版本：ReentrantLock。

本章最后介绍倒计时门闩、循环屏障和 future 任务。

图 3-1 是我们将在本章介绍的各种模式的概括。

我们总是在获得锁，以此确保后面的语句检查某些先决条件是否成立并获得锁；然后，我们将检查一些特定于算法的先决条件，如果不满足，则释放锁并等待。如图 3-1 所示，这两个动作是以原子方式执行的。

随后，当另一个线程对程序状态进行实质性改变并且广播信号时，事物的状态也会改变。

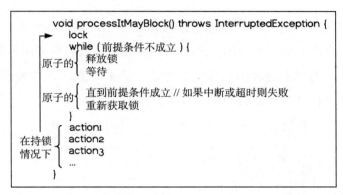

图 3-1　本章介绍的模式

　　一旦收到信号后，睡眠线程将会被唤醒。请注意，可能有多个等待线程，其中一个或多个会醒来，获取锁，并重新检查状态。同样，这两个操作都是原子的。

　　我们在前一章中已经看到为什么需要进行重新检查，然后线程继续执行方法逻辑的其余部分，因此，我们将讨论以下主题：

- ❏ 有界缓冲区
- ❏ 客户端抛出异常和轮询
- ❏ 读写锁
- ❏ 易读锁和公平锁
- ❏ 计算信号量
- ❏ ReentrantLock
- ❏ 倒计时锁
- ❏ 循环屏障
- ❏ future 任务

i　如需完整的代码文件，可以访问 https://github.com/PacktPublishing/ Concurrent-Patterns-and-Best-Practices。

3.1　有界缓冲区

有界缓冲区是容量有限的缓冲区，只能缓冲一定数量的元素。当没有剩余空间来存储元素时，放置元素的生产者线程将等待某人消费某些元素。

另一方面，消费者线程不能从空缓冲区中获取元素。在这种情况下，消费者线程将需要等待某人将元素插入缓冲区。

下面是代码，我们将在下文中解释：

```
public abstract class Buffer {
  private final Integer[] buf;
  private int tail;
  private int head;
  private int cnt;
```

元素存储在一个整数数组 buf 中。

如图 3-2 所示，字段 tail 指向下一个空位置以放入元素。图中插入了三个元素，但未取走任何元素。要消费的第一个元素是 2，它位于内部数组的索引 0 处，这是我们在 head 字段中持有的索引。count 的值是 3，由于数组容量为 5，缓冲区未满：

```
protected Buffer(int capacity) {
  this.buf = new Integer[capacity];
  this.tail = 0;
  this.head = 0;
  this.cnt = 0;
}
```

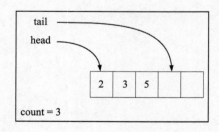

图 3-2　整数数组 buf

前面的代码段显示了构造函数，它分配数组并使用数组引用来初始化 buf 字段。字段 tail、head 和 cnt 都初始化为 0：

```
protected synchronized final void putElem(int v) {
  buf[tail] = v;
  if (++tail == buf.length)
    tail = 0;
    ++cnt;
}
```

如图 3-3 所示，put 方法将一个新元素放入缓冲区。

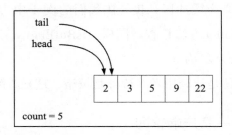

图 3-3　缓冲区已满

当缓冲区满了，我们该怎么办？一种设计选择是抛出异常，另一个设计选择是等待某个线程消费一个或多个元素：

```
protected synchronized final Integer getElem() {
  Integer v = buf[head];
  buf[head] = null;
  if (++head == buf.length)
    head = 0;
    --cnt;
  return v;
}
```

一旦我们从缓冲区中取出一个元素，我们就在插槽中放入一个 null，将其标记为空。get() 方法可以将缓冲区留空，如图 3-4 所示。

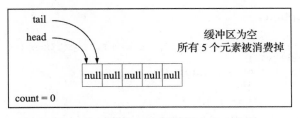

图 3-4　空缓冲区

以下是两个辅助方法：

```
public synchronized final boolean isBufFull() {
  return cnt == buf.length;
  }

  public synchronized final boolean isBufEmpty() {
    return cnt == 0;
  }
} // The buffer class completes here
```

当计数器 cnt 的值为缓冲区长度（在我们的例子中为 5）时，则表示缓冲区已满，这由 isBufFull() 方法检查。同样，isBufEmpty() 方法也检查 cnt 字段，当缓冲区为空时，cnt 字段为 0。

无论是抛出错误还是让调用者等待都是策略，这是策略模式的一个例子。

3.1.1 策略模式——客户端轮询

下面展示的设计可以在缓冲区为空时因进行 get 调用而抛出错误，或者在已满时因进行 put 调用而抛出错误：

```
public class BrittleBuffer extends Buffer {
  public BrittleBuffer(int capacity) {
    super(capacity);
  }
```

构造函数的重写只是将初始容量传递给超类 super：

```
public synchronized void put(Integer v) throws BufFullException {
  if (isBufFull())
    throw new BufFullException();
    putElem(v);
}
```

如果在执行 put(v) 调用时缓冲区已满，则抛出一个错误，即一个运行时异常 BufFull-Exception。

```
public synchronized Integer get() throws BufEmptyException {
  if (isBufEmpty())
    throw new BufEmptyException();
    return getElem();
}
```

如果在执行 get() 调用时缓冲区为空，则抛出错误 BufEmptyException，这又是一个运行时异常，处理这些异常的责任现在落在这段代码的客户端上。

如图 3-5 所示，客户端代码需要保持轮询，以便从缓冲区中获取元素。如果缓冲区不是空的，则一切进展顺利，但是，当缓冲区为空时，就会捕获异常并继续重复调用，直到成功。

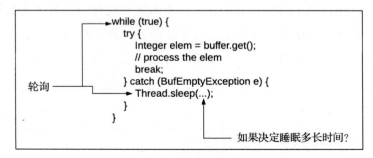

图 3-5　通过轮询获取元素

这种方法存在两个问题。

首先，客户端使用异常进行流控制，相当于使用异常作为复杂的 GOTO 语句。代码也难以阅读理解，因为实际的元素处理隐藏在所有异常处理中。

有关此主题的更多信息，请参阅 https://web.archive.org/web/20140430 044213/http://c2.com/cgi-bin/wiki?DontUseExceptionsForFlowControl。

其次，线程睡眠的最佳时间是什么？这里没有明确的答案，这实际上是在告诉我们要尝试另一种设计，下面我们来看一下。

3.1.2　接管轮询和睡眠的策略

以下版本使客户端更容易使用我们的接口：

```
public class BrittleBuffer2 extends Buffer {
  public BrittleBuffer2(int capacity) {
    super(capacity);
  }

  public void put(Integer v) throws InterruptedExcecption {
    while (true) {
      synchronized (this) {
        if (!isBufFull()) {
          putElem(v);
          return;
        }
      }
```

```
        Thread.sleep(...);
    }
}
```

与先前版本相比，put(Integer) 方法得到改进。我们仍然有轮询，但是，它
不再是客户端契约的一部分，我们让客户端看不见轮询，并使其更简单。

如图 3-6 所示，我们应该意识到其中的微妙之处，那就是该方法不被同步。
如果我们在同步方法中睡眠，其他线程将永远不会获得锁。

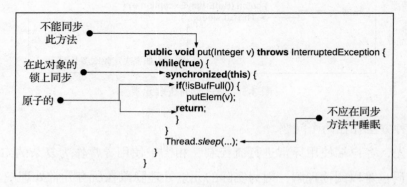

图 3-6　隐藏轮询

这将出现死锁的情况，因为没有其他线程能够继续，状态不会改变，无限
循环将会继续检查一个永远不会成立的条件。

解决方案是使用 synchronized(this) 关键字，它允许我们以线程安全的方式
检查缓冲区状态。如果不满足条件，锁将在睡眠调用之前释放。这将确保其他
线程可以继续进行状态更改，因此，整个系统将正常运行：

```
public Integer get() throws InterruptedException {
  while (true) {
    synchronized (this) {
      if (!isBufEmpty())
        return getElem();
    }
    Thread.sleep(...);
  }
}
```

get 方法也被类似地使用，我们对客户端隐藏轮询，但是，睡眠多长时间仍
然是一个问题。

3.1.3　使用条件变量的策略

　　要想提出合适的睡眠时间是相当棘手的，因为没有一个值会适合所有情况。如果不使用轮询，并能找到替代解决方案，那将会两全其美。

　　轮询总是忙于等待和持续的检查，而这是非生产性的，因为运行这些检查需要时间和 CPU 周期。我们将看到，如何远离轮询是并发编程的一个普遍主题。当我们讨论 actor 范式和告知与询问模式时，我们将再次回顾这个主题。

　　所以，CappedBuffer 类是这样的：

```
public class CappedBuffer extends Buffer {
  public CappedBuffer(int capacity) {
    super(capacity);
  }
```

　　上述代码与其他策略类似，下面的也一样：

```
public synchronized void put(Integer v) throws InterruptedException {
  while (isBufFull()) {
    wait();
  }
  putElem(v);
  notifyAll();
}
```

put(v) 方法非常简单，图 3-7 显示了有关代码的细微之处。

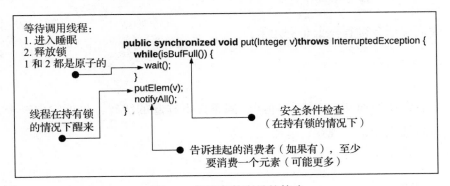

图 3-7　使用条件变量的策略

重要的代码片段是：

```
while (isBufFull()) {
  wait();
}
```

请注意，检查条件是在 synchronized 方法内部进行的，由于 synchronized 方法意味着隐式锁，因此我们是以线程安全的方式检查条件。

要么线程在已满的缓冲区上从挂起状态被唤醒，要么缓冲区未满。我们来看 putElem(v) 语句，在这里，我们肯定知道至少要有一个元素可以消费，我们将这个事实广播到空缓冲区上的其他可能挂起的线程：

```
public synchronized Integer get() throws InterruptedException {
  while (isBufEmpty()) {
    wait();
    }
  Integer elem = getElem();
  notifyAll();
  return elem;
}
```

get() 方法也一样：

```
while (isBufEmpty()) {
  wait();
}
```

如果缓冲区为空，则使线程等待。条件通过后，由于我们知道这是执行 getElem() 调用的唯一线程，因此以下代码是线程安全的：

```
 Integer elem = getElem();
```

我们保证会得到一个非空元素：

```
notifyAll();
return elem;
```

最后，我们通知所有在缓冲区已满条件下挂起的线程，告诉它们至少有一个空位可插入元素。现在，返回该元素。

3.2   读写锁

读写（RW）锁或共享独占锁是一种原始同步，它允许对只读操作和独占写操作进行并发访问。多个线程可以并发地读取数据，但对于写入或修改数据，需要独占锁。

写入者对写入数据具有独占访问权限。在当前写入者完成操作之前，其他写入者和读取者将被阻塞。在许多情况下，数据的读取频率高于写入频率。

以下代码显示如何使用锁来提供对 "Java Map <K，V>" 的并发访问，代码使用 RW 锁同步内部映射：

```
public class RWMap<K, V> {
 private final Map<K, V> map;
 private final ReadWriteLock lock = new ReadWriteLock();
 private final RWLock r = lock.getRdLock();
 private final RWLock w = lock.getWrLock();

 public RWMap(Map<K, V> map) {
 this.map = map;
 }

 public V put(K key, V value) throws InterruptedException {
 w.lock();
 try {
 return map.put(key, value);
 } finally {
 w.unlock();
 }
 }

 public V get(Object key) throws InterruptedException {
 r.lock();
 try {
 return map.get(key);
 } finally {
 r.unlock();
 }
 }

 public V remove(Object key) throws InterruptedException {
 w.lock();
 try {
 return map.remove(key);
 } finally {
 w.unlock();
 }
 }

 public void putAll(Map<? extends K, ? extends V> m) throws
InterruptedException {
 w.lock();
 try {
 map.putAll(m);
 } finally {
 w.unlock();
 }
 }
```

```
public void clear() throws InterruptedException {
w.lock();
try {
map.clear();
} finally {
w.unlock();
}
}
}
```

get 方法使用读取者锁，这将允许任意数量的读取者线程同时访问 map 字段。另一方面，如果线程需要更新映射，它将获取写入者锁。

写入者锁确保写入线程对 map 具有独占访问权，这样可以保持线程的安全，并且仍然可以确保增加读取并发性。

但是，锁也需要公平，我们很快就会看到这意味着什么？请继续阅读。

3.2.1 易读的 RW 锁

RW 锁可以将优先权给予读取者（易读）或写入者（易写）。我们将在设计过程中看到并发和饥饿是如何出现的。

图 3-8 显示 ReadWriteLock 类：

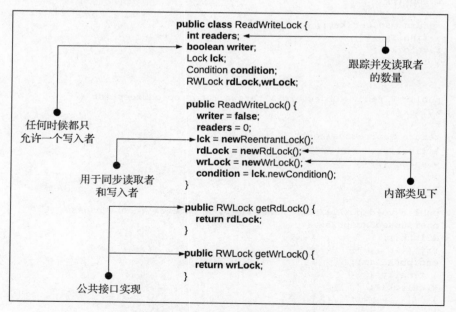

图 3-8　一个 ReadWriteLock 类

　　readers 字段是一个 int 类型，它表示在任何给定的时间实例下的读取者数量。另一方面，writer 字段是一个布尔类型，因为只能有一个写入者或者可以有多个读取者，表示这两种情况用布尔类型就足够了。我们对外部锁（由 lck 字段表示）进行同步。

　　图 3-9 显示了"读写锁" RdLock 和 WrLock 的设计，它们是 ReadWriteLock 的内部类。应用程序代码将使用 ReadWriteLock 类来获取读取锁和写入锁，这是一个外观模式（facade）。

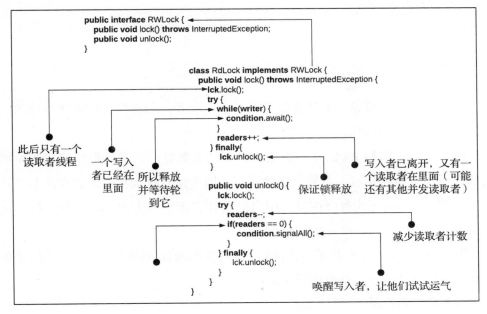

图 3-9　读写锁

　　ⓘ 外观模式是 GOF 书中提到的设计模式，用于隐藏系统的复杂性，因此更易于使用。例如，当我们打电话订购比萨时，与比萨店的客服交流，然后，他们将接受订单，收取相关的费用，并在一段时间内将外卖配送给我们。因此，我们看不见比萨制作过程的所有复杂性。比萨店隐藏了所有这些复杂性，简化了比萨饼的购买过程。外观模式也是一个促进者。

　　如图 3-9 所示，RdLock 设计首先确保它是唯一的线程，如 lck.lock() 语句所暗示的那样。如果已经有一个写入者处于活动状态，则读取者会放弃锁 lck，并等待写入者释放锁。

```
while (writer) {
  condition.await();
}
readers++;
```

无论哪种方式，当读取者通过此检查时（要么没有写入者，要么读取者由于写入者解锁和恢复而被唤醒），它会递增系统中 reader 字段的值。释放 RdLock 也是类似的：

```
readers--;
if (readers == 0) {
  condition.signalAll();
}
```

随着 reader 值递减，如果这是最后一个读取者，它将会尝试唤醒待处理的 writer 字段（如果有的话）。

这是一个易读的 RwLock，它允许进行最大数量的并发读取，但在高争用的情况下，可能会使写入者处于饥饿状态，因为没有什么在阻止大批读取者让写入者挨饿。writer 线程会挨饿，因为只要存在至少一个 reader 线程，就无法获取锁。

图 3-10 显示了写入者锁 WrLock。我们再次确保 lck 锁被获取，从而确保只有一个写入者检查和修改内部状态。

以下是代码片段：

```
while (readers > 0 || writer) {
  condition.await();
}
writer = true;
```

该代码片段确保如果有一个或多个读取者，或有另一个写入者，则写入者会睡眠。在这种情况下，写入者线程进入睡眠状态，如前一章所示，这也会自动地释放与条件关联的锁 lck。

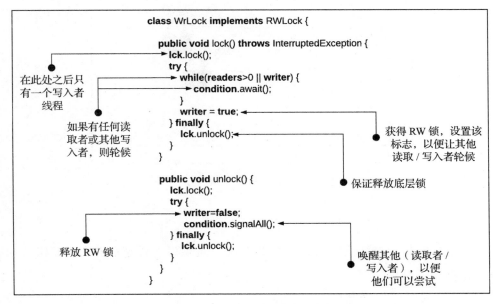

图 3-10　写入者锁 WrLock 图解

　　一旦前提条件成立，即所有读取者或写入者都释放了锁，则写入者将打开写入者标志。请注意，"条件唤醒语义"确保写入者始终在持有锁的情况下醒来。

　　这将确保以线程安全的方式更新标志，并完成锁定调用。

　　以下代码段显示如何将写入锁解锁：

```
writer = false;
condition.signalAll();
```

　　该标志刚刚被关闭，任何可能等待的读取者或写入者都会收到唤醒呼叫，这样它们就可以碰碰运气看是否能获得这把锁。

　　图 3-11 显示读者闯入。当读取者线程不断获取锁时，就会发生这种情况。写入者可能没有任何机会写入，即使它来得更早。这是一个对读取者友好的锁，但可能对写入者线程不公平。

　　这就是饥饿，写入者可能会永远等待，从而挨饿。

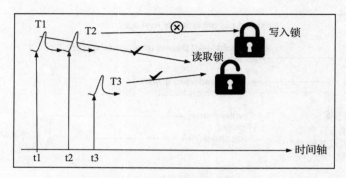

图 3-11　读取者闯入

3.2.2　公平锁

以下代码显示对写入者非常公平的实现。如果写入者更早提出需要锁，它就会得到锁。

首先是外观模型的变化：

```
public class FairReadWriteLock {
  int readersIn, readersOut;
  boolean writer;
  Lock lck;
  Condition condition;
  RWLock rdLock, wrLock;

  public FairReadWriteLock() {
    readersIn = readersOut = 0;
    writer = false;
    lck = new ReentrantLock();
    condition = lck.newCondition();
    rdLock = new RdLock();
    wrLock = new WrLock();
  }

  public RWLock getRdLock() {
    return rdLock;
  }

  public RWLock getWrLock() {
    return wrLock;
  }
```

代码与上一个版本基本相同。值得注意的是，我们已经用 readerIn 和 readersOut 这两个字段取代了 readers 字段。

图 3-12 显示该如何设计更公平的写入锁。

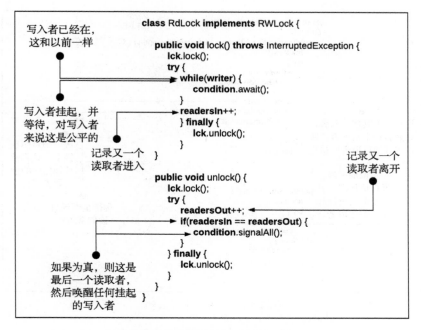

图 3-12　设计更公平的写入锁

与之前一样，读取者锁方法等待并查看 writer 标志是否打开。然而，正如所指出的那样，正在访问的写入者也可能意味着有某个写入者正在等待，在这种情况下，读取者同样也会等待。

否则，读取者将继续并递增 readersIn 字段。另一方面，unlock 方法会递增 readersOut 字段。请注意，readersOut 变量将始终小于或等于 readersIn 变量：

```
while (readersIn != readersOut) {
  condition.await();
}
```

当两者匹配时，意味着该线程是解锁 RwLock 的最后一个读取者。因此，它发信号给条件变量，从而唤醒任何正在等待的写入者，如图 3-13 所示。

该设计使早到的写入者可以获得锁，如图 3-14 所示。

由于结构原因，T2 等待的时间比 T3 长。当 T1 释放读取者锁时，T2 就有机会设置写入者标志。这使所有的潜在读取者（在本例中是 T3）无法获取读取者锁，因此，写入者可以继续。

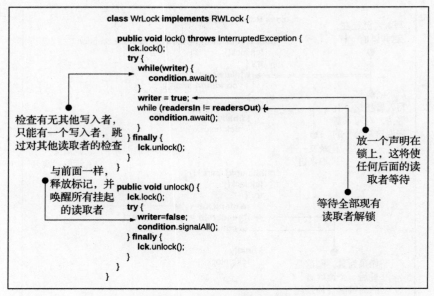

图 3-13　实现一个写入锁

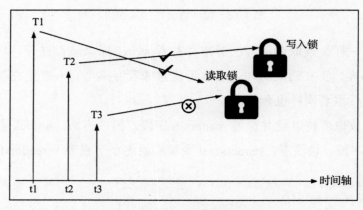

图 3-14　早到的写入者获得锁

3.3　计数信号量

　　并发应用程序通常有一个资源池。例如，我们有线程池和连接池。逐个创建和销毁这样的连接是非常昂贵的，相反，我们会创建一个池，每当应用程序需要资源时，它就会向池提出请求。

　　该池被配置为持有一定数量的这些资源，例如，20 个数据库的连接或 355 个线程。当需求很高时，池可能会耗尽。除非释放一些资源，否则请求线程应该处于休眠状态，如图 3-15 所示。

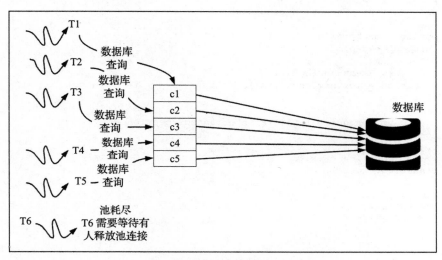

图 3-15　大量数据库查询耗尽连接池

　　在实现这种场景时，信号量将非常有用。信号量初始化为初始容量 cap，表示所配置的池大小，如图 3-16 所示。

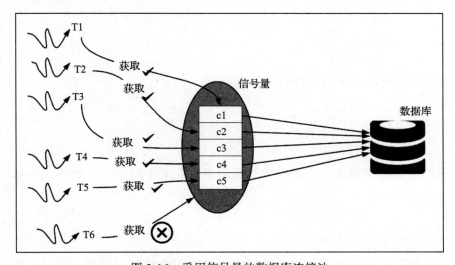

图 3-16　采用信号量的数据库连接池

下面是一个信号量的实现：

```java
public class Semaphore {
 private final int cap;
 private int count;
 private final Lock lck;
 private final Condition condition;

 public Semaphore(int cap) {
 this.cap = cap;
 count = 0;
 lck = new ReentrantLock();
 condition = lck.newCondition();
 }

 public void acquire() throws InterruptedException {
 lck.lock();
 try {
 while (count == cap) {
 condition.await();
 }
 count++;
 } finally {
 lck.unlock();
 }
 }

 public void release() {
 lck.lock();
 try {
 count--;
 condition.signalAll();
 } finally {
 lck.unlock();
 }
 }

}
```

有趣的部分是授予锁的代码段：

```java
while (count == cap) {
    condition.await();
}
count++;
```

我们继续准予请求，直到计数达到容量。在某个时刻，计数等于容量。这意味着池已耗尽：

```java
count--;
condition.signalAll();
```

当线程释放连接时，会向条件发出信号，因此挂起的线程会醒来，并尝试获取池资源。

3.4　我们自己的重入锁

以下代码显示我们是如何自己实现重入锁的，该代码也显示了可重入语义。
我们只显示 lock 方法和 unlock 方法：

```
public class YetAnotherReentrantLock {
 private Thread lockedBy = null;
 private int lockCount = 0;
```

该类有两个字段：lockedBy 线程引用和 lockcount。lockcount 用于跟踪线
程递归锁定自己的次数：

```
private boolean isLocked() {
   return lockedBy != null;
}
private boolean isLockedByMe() {
   return Thread.currentThread() == lockedBy;
}
```

前面的代码片段显示了两个辅助方法，这有助于提高代码的可读性：

```
public synchronized void lock() throws InterruptedException {
   while (isLocked() && !isLockedByMe()) {
      this.wait();
   }
 lockedBy = Thread.currentThread();
 lockCount++;
}
```

图 3-17 是对 lock() 方法的图形化分析。

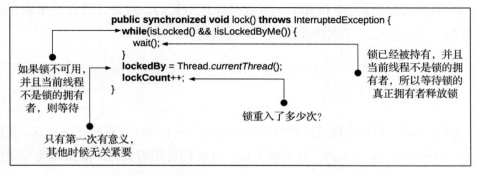

图 3-17　lock() 方法的图形化分析

请记住锁的语义：当且仅当锁处于释放状态时才能获得锁，否则，如果其他某个线程持有该锁，则线程需要等待。

可以使用线程引用跟踪锁的所有者是谁，由于没有两个线程可以具有相同的对象引用，所以这是有效的：

```
public synchronized void unlock() {
  if (isLockedByMe()) {
    lockCount--;
  }
  if (lockCount == 0) {
   lockedBy = null;
   this.notify();
  }
}
```

unlock() 调用是对称的，以下是客户端契约：

在通过 lock() 方法多次进入锁以后，你需要通过 unlock() 方法将它们解锁相同次数，如图 3-18 所示。

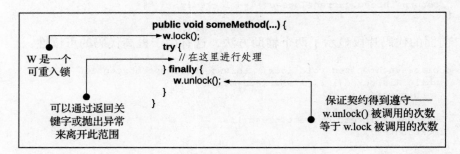

图 3-18　锁和解锁次数相同

我们之前使用的 try 和 finally 函数确保这个契约。但是，这样一来程序流会中断，并用 finally 子句确保这两个次数匹配：

```
if (lockCount == 0) {
  lockedBy = null;
  this.notify();
}
```

如前所述，如果线程已正确释放锁，那么 lockCount 变量将递减回 0，我们将 lockBy 字段重置为 null，从而释放锁，并将锁可用的信息广播给其他可能挂起的线程。

3.5　倒计时锁存器

　　锁存器（即门闩）是另一种同步器。它充当一个大门，而线程等待开门，一旦这个门（即门闩）打开，所有线程都可以进入，如图 3-19 所示。

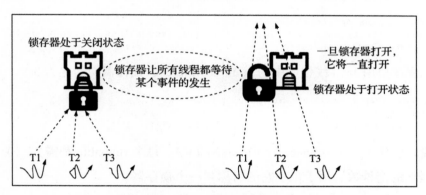

图 3-19　锁存器示意图

　　为什么我们需要锁存器？锁存器用于确保除非发生某个必要的前提活动，否则其他活动将会等待它发生。让我们看一个现实生活中的例子：

　　图 3-20 显示在一个天气晴朗的夜晚是如何进行夜跑比赛的。所有运动员都需要在起点集合并等待哨子吹响，一旦哨声响起，比赛正式开始，运动员开始奔跑。

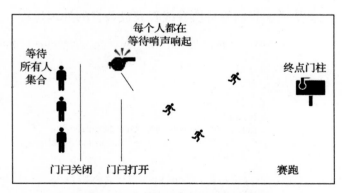

图 3-20　现实生活中门闩的例子

　　起点是会合的地方，每个人都需要来这里等待"吹哨"这个重要动作。

因此，跑步者是线程，吹哨是类似于初始化的一次性活动，而终点门柱则是每个线程试图完成的特定于应用程序的目标。

以下代码显示一个锁存器实例：

```java
import java.util.concurrent.CountDownLatch;

public class AppCountDownLatch {
  public static void main(String[] args) throws InterruptedException {
    CountDownLatch latch = new CountDownLatch(3);
```

主程序使用 Java 线程库中的 countdownlatch，锁存器初始化为 3。

```java
Runnable w1 = createWorker(3000, latch, "W1");
Runnable w2 = createWorker(2000, latch, "W2");
Runnable w3 = createWorker(1000, latch, "W3");
```

我们创建了三个 runnable：w1、w2 和 w3。每个 runnable 都需要三个参数：需要睡眠的毫秒数、用于识别它的名称和一个锁存器。

一般的想法是，一旦完成其处理过程，每个线程都会放下锁存器。在这种情况下，它只会睡眠了一段时间。如下所示，我们启动这三个线程：

```java
new Thread(w1).start();
new Thread(w1).start();
new Thread(w1).start();

latch.await(); // await it to open
System.out.println("We are done");
```

我们需要确保所有这些线程在主线程退出之前执行完成，所以，我们等待锁存器打开，也就是说，我们等待所有线程完成各自的处理过程：

```java
private static Runnable createWorker(int delay, CountDownLatch latch,
String w1) {
  return new Runnable() {
    @Override
    public void run() {
      try {
        Thread.sleep(delay);
        latch.countDown(); // decrement the latch
         System.out.println(Thread.currentThread().getName()
         + " done with processing");
        }
        catch (InterruptedException e) {
          e.printStackTrace();
        }
      }
    };
  }
```

正如预期的那样，"We are done" 消息最后出现，确保所有线程执行完成。
图 3-21 是相应的图示。

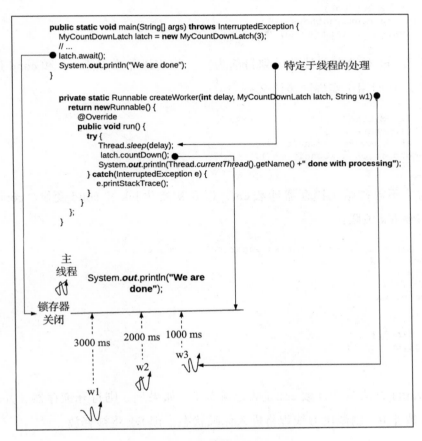

图 3-21　锁存器图示

这里，一次性事件是指所有正在处理的线程全部执行完成。无论哪个线程
将锁存器递减为 0，该线程都会打开这个锁存器，因此主线程可以继续。它在
这里所做的全部工作就是打印完成消息，然后退出。

实现倒计时锁存器

我们可以按如下方式实现锁存器，这需要调用类 MyCountDownLatch：

```
import java.util.concurrent.locks.Condition;
import java.util.concurrent.locks.ReentrantLock;

public class MyCountDownLatch {
 private int cnt;
 private ReentrantLock lck;
 private Condition cond;
```

字段 cnt 对锁存器计数。到目前为止，你应该非常熟悉 lck 和 cond 这两个字段了。它们用于实现同步语义：

```
public MyCountDownLatch(int cnt) {
  this.cnt = cnt;
  lck = new ReentrantLock();
  cond = lck.newCondition();
}
```

构造函数初始化锁存器计数 cnt，以及初始化 lck 和 cond 变量。cond 变量需要与锁 lck 关联：

```
public void await() throws InterruptedException {
 lck.lock();
 try {
 while (cnt != 0) {
 cond.await();
 }

 } finally {
 lck.unlock();
 }
}
```

await() 方法检查计数 cnt 是否已降为 0，如果是，则打开锁存器，并返回。如果计数非 0，则调用方线程将进入休眠状态，锁 lck 将被释放：

```
public void countDown() {
 lck.lock();
 try {
 --cnt;
 if (cnt == 0) {
 cond.signalAll();
 }
 } finally {
 lck.unlock();
 }
}
```

最后，countDown() 方法得到锁并减少计数 cnt。如果计数达到 0，则条件变量发生广播。

这会唤醒在 await() 方法中等待的挂起线程（如果有）。

3.6   循环屏障

循环屏障（cyclic barrier）是另一种同步机制，它要求所有线程都需要在某一点等待，然后才能继续运行。

一个现实生活中的例子能说明这一点。三个老朋友碰巧在同一个城市出差，打算一起吃饭重温一下旧时光，然后去看电影。

其中一个碰巧离餐馆最近，他要开车去，所以，他很快到达餐厅并等候。其他两个伙伴分别乘坐火车和公共汽车，所以每个人都要等待其他人到达。

一旦大家都到了，晚餐就可以开始了。这种等待其他伙伴加入，然后才开始玩乐的协议就是一个屏障，如图 3-22 所示。

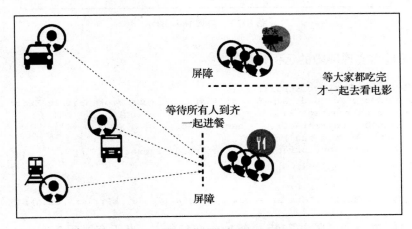

图 3-22   到齐后才共进晚餐

在晚餐结束前，由于每个人吃饭的速度不一样，并不是所有人都同时吃完，所以，他们再次等待（屏障），然后，一旦所有人都吃完，就会出发去看电影。

屏障非常类似于倒计时锁存器，唯一的区别是所有线程都要等待其他伙伴线程完成。

图 3-23 显示一个被分成若干阶段的过程，每个阶段都由多个线程处理，当

分配给它们的任务全部完成后，该组线程才继续进入下一阶段。

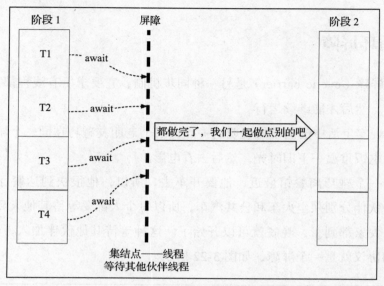

图 3-23　屏障协议图示

下面显示实现屏障的示例代码：

```
public class AppCyclicBarrier {
  public static void main(String[] args) throws BrokenBarrierException,
InterruptedException {
    Runnable barrierAction = new Runnable() {
      public void run() {
        System.out.println("BarrierAction 1 executed ");
      }
    };

    CyclicBarrier barrier = new CyclicBarrier(3, barrierAction);
```

我们创建一个屏障并安装一个 barrierAction，当所有线程都在 barrier 上等待时，就调用这个 runnable：

```
    Runnable w1 = createWorker(barrier);
    Runnable w2 = createWorker(barrier);

    new Thread(w1).start();
    new Thread(w2).start();

    barrier.await();
    System.out.println("Done");
}
```

我们有两个线程，分别是 w1 和 w2。主线程生成它们，然后在屏障处等待：

```
private static Runnable createWorker(final CyclicBarrier barrier) {
  return new Runnable() {

    @Override
    public void run() {
      try {
        Thread.sleep(1000);
        System.out.println("Waiting at barrier");
        try {
          barrier.await();
            } catch (BrokenBarrierException e) {
              e.printStackTrace();
            }
          } catch (InterruptedException e) {
              e.printStackTrace();
          }

      }
    };
  }
```

每个工作线程都只是休眠，之后打印一条消息，然后在屏障处等待。一旦所有线程都到达（在它们完成各自的处理之后），屏障就会打开，所有线程都将继续完成。

实现你自己的屏障版本留给读者练习。

3.7　future 任务

future 任务本质上是一个异步构造。顾名思义，它是一些其结果将在未来某个时候可用的昂贵计算的包装器。一旦计算完成，它将通过调用 get() 方法返回结果。

如图 3-24 所示，future 任务有三种状态：

1. 等待运行

2. 正在运行

3. 完成

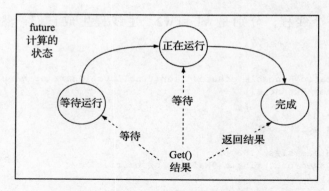

图 3-24   future 任务的三个状态

当我们尝试 future 任务获得结果时，所采取的操作取决于它所处的状态。如果它尚未完成，则调用 get() 的线程将休眠，直到计算完成且结果可用为止。还有一个重载的 get(long timeout, TimeUnit unit) 方法可以避免永远等待，因此，task get（5L, TimeUnit.SECONDS）将只等待五秒钟。如果方法未在规定的时间内返回，则抛出超时异常（TimeOutException）。

以下代码显示实现的 future 任务：

```java
import java.util.concurrent.Callable;
import java.util.concurrent.ExecutionException;
import java.util.concurrent.FutureTask;

public class AppFutureTask {
  private static FutureTask<String> createAFutureTask() {
    final Callable<String> callable = new Callable<String>() {
      @Override
      public String call() throws InterruptedException {
        Thread.sleep(4000);
        return "Hello World";
      }
    };
    return new FutureTask<String>(callable);
  }
}
```

createAFutureTask() 方法创建一个 future 任务，其中最贵的计算由一个 callable 负责完成。

这个 callable 的 call() 方法使线程休眠四秒钟，然后返回一个字符串结果。我们将此计算封装在 future 任务中，并返回它：

```
private static void timeTheCall(final FutureTask<String> future) throws
ExecutionException, InterruptedException {
    long startTime = System.currentTimeMillis();
    System.out.println(future.get());
    long stopTime = System.currentTimeMillis();
    long elapsedTime = stopTime - startTime;
    System.out.println("Elapsed time " + elapsedTime);
}
```

上述方法只是一个方便的帮手，它对 future.get() 方法调用的时长进行计时。

如图 3-25 所示，我们第一次调用 future.get() 方法（作为 timeTheCall(future) 方法的结果被调用）时，future 处于正在运行状态，因此，结果尚未出来。所以，第一次调用需要很长时间才能完成。

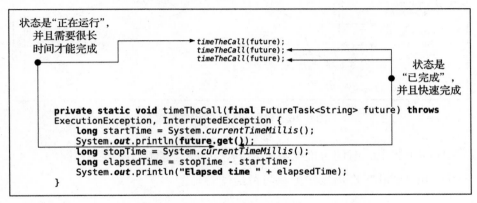

图 3-25　计时程序的图解

然而，之后由于 future 处于完成状态，第二次和随后的调用就会迅速完成，结果能立即获得，因此很快就会返回：

```
public static void main(String[] args) throws ExecutionException,
InterruptedException {

    final FutureTask<String> future = createAFutureTask();
    final Thread thread = new Thread(future);
    thread.start();

    timeTheCall(future);
    timeTheCall(future);
    timeTheCall(future);
  }
}
```

所显示的方法是创建 future 并启动异步计算的驱动器。

如图 3-26 所示，当我们在等待或正在运行状态下调用 future 上的 get 方法时，调用在 4003 毫秒内完成。线程休眠 4000 毫秒，而该处理过程的其余时间仅 3 毫秒。其他两个调用立即完成，调用完成得如此之快，以至于用毫秒粒度不足以捕获它。

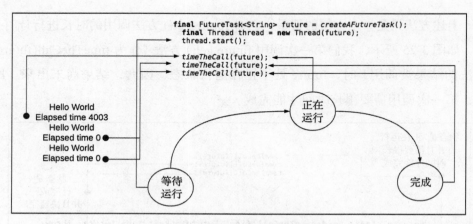

图 3-26　利用 future 的程序图解

在你的机器上，时间可能会有所不同，但是，整体上应该是相同的。

编写 future 的实现仍然作为练习留给读者。

3.8　本章小结

我们在本章中看到了许多原始的同步，我们从有界缓冲区开始，还探讨了它如何防止重载应用程序耗尽内存，以及如何使用可重入锁实现客户契约。

接下来，我们讨论了读写锁，这是增加读取并发性的模式。我们还研究了计数信号量、倒计时锁、屏障和 future 任务。在接下来的章节中，我们将讨论这些原语的应用。

资源池使用计数信号量来实现。例如，数据库连接池和线程池允许应用程序有效地池化和使用资源。

线程池为线程管理提供了相同的好处。java.util.concurrent 作为执行器框架的一部分，提供了一个灵活的线程池实现，我们将在下一章详细介绍线程池。

第 4 章 *Chapter 4*

线 程 池

为了远离显式锁定和状态管理，我们将在本章学习更多的模式。我们将主要专注于业务逻辑，专注于由框架负责的显式线程的创建和管理。

因为我们重用的库代码经过了测试和验证，非常可靠，所以这组设计模式生成的代码具有鲁棒性。我们首先介绍线程池，这是把精力集中在业务逻辑（也叫任务）的主要步骤。池模式为我们提供了同时运行这些任务的工具。

首先，我们将介绍线程池的需求和任务的概念，任务是命令设计模式的具体体现，任务的定义与任务的执行相分离。其次，我们再来看看线程池接口 ExecutorService，这是 Java 的线程库中的池化工具，实现 ExecutorService 的核心是阻塞队列，我们将使用阻塞队列来扩展我们自己的池实现。

Java 7 中的主要线程池实现是 fork-join 框架，这是一个动态线程池，它考虑到了内核数量和任务负载，这也是我们将在后续章节中介绍的 actor 系统的默认调度程序。

我们将查看该 API 并学习"工作窃取（work stealing）"的重要概念。

最后，我们深入研究主动对象设计模式，在讨论完这种设计模式后，再用代码来实现它。

因此，我们将讨论以下主题：

❑ 远离显式锁定和状态管理的更多模式

❑ 线程池：需求和概念
❑ 线程池接口 ExecutorService
❑ fork-join
❑ 主动对象设计模式

要查看完整的代码文件，可以访问 https://github.com/PacktPublishing/Concurrent-Patterns-and-Best-Practices。

4.1　线程池

线程池是什么？我们为何需要线程池？我们以现实生活为例，有一个公共汽车终点站，里面有一定数量的公共汽车，这些公共汽车一次性投放到车站，这些车可重复服务于各种不同的公交线路。

这个车站为何以这种方式工作？为何不按需购买或报废（出售）公共汽车呢？因为，购买公共汽车需要花钱，维护也会产生费用！

因此，设计者会首先统计将使用公交服务的平均乘客数，再计算需要多少辆公共汽车，并尽可能多地重复使用公共汽车，使得投资回报最大化。如图 4-1 所示。

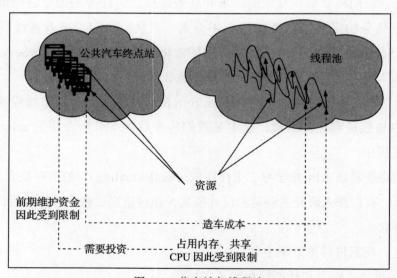

图 4-1　公交站与线程池

因为创建并行线程的成本很高，所以，我们需要限制应用程序中的线程数量。每个线程都有自己的堆栈，它占用一定内存。由于每个 Java 线程都会映射到一个操作系统线程，所以，创建线程就会涉及系统调用，代价不小。有关更多信息，请查阅"堆栈溢出"的相关链接。

那么，还有其他办法吗？事实上，我们不必创建新线程，可以使用线程池。多线程服务器通常使用线程池，抵达服务器的每个客户端连接都被包装为任务，并通过线程池获取服务。Java 5 在 java.util.concurrent 包中附带内置线程池。

以下代码就是按这种方式运行的线程池，客户端线程将任务委托给在后台执行任务的服务：

```
public static void main(String[] args) {
  ExecutorService executorService = Executors.newFixedThreadPool(10);

  executorService.execute(new Runnable() {
    public void run() {
      System.out.println("Hey pool!");
    }
  });

  executorService.shutdown();
}
```

ExecutorService 是一个接口，它将任务发送到池中，相应的池线程会拾取并执行任务。图 4-2 显示幕后发生的事情。

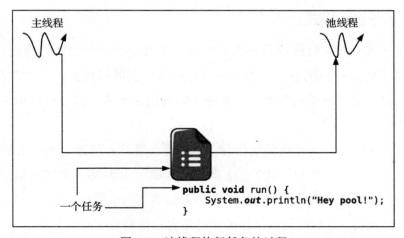

图 4-2　池线程执行任务的过程

　　然而，任务是如何共享的呢？此时，必须有一个线程安全的通道，以便主线程通过该通道将任务发送到池线程。该通道是一个阻塞队列，客户端把任务入队，池线程再使任务出队，相应的线程会拾取插入的任务并执行它。池中的其他空闲线程将等待新任务的到来。如图 4-3 所示。

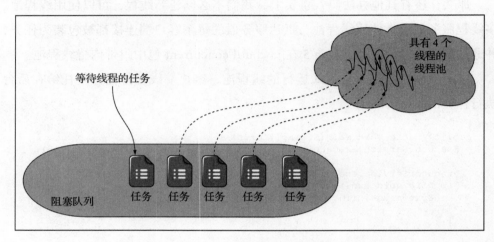

图 4-3　阻塞队列与线程池

　　池中有 4 个线程，每个线程都会拾取任务并忙着执行它们，同时，队列中的最后一个任务正在等待释放出来的线程！

4.1.1　命令设计模式

　　将任务定义与执行解耦是什么意思呢？这是一个非常重要的话题。图 4-4 是一个现实生活中的例子，图的上半部分显示如何处理典型的餐厅食品订单，具体流程是：客户下单到服务器，服务器将其记录下来，然后将订单传到厨房以准备菜肴。

　　一旦食物准备好，就提供给顾客。请注意，客户不知道也不关心厨房在哪里、谁在为他们准备菜肴！这实际上就是"解耦"，即顾客不知道这道菜是谁做的，只知道这道菜很美味，厨师也不知道做这道菜给谁吃！

　　厨师努力在规定的时间内做出美味的菜肴，他们只关心这个。

图 4-4 描述了命令模式在应用于线程池时的工作过程，还绘制了一个餐馆实体。

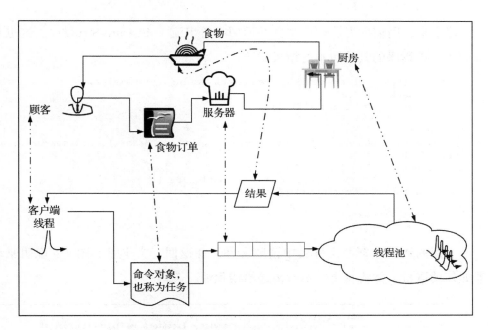

图 4-4　命令设计模式工作原理

客户端线程相当于顾客，它创建一个 runnable 作为命令（其 run 方法表示任务），这相当于被记下的食品订单。该任务将被插入先进 / 先出队列，该队列大致相当于服务器。

厨房相当于线程池，一个线程就像一个执行 runnable 命令的厨师。最后，计算结果相当于做好的食物，它将被返回给客户端线程。

4.1.2　单词统计

下面是一个常见的单词统计程序，它读取文本文件并统计其中的单词数。为简单起见，我们把单词看作以空格分隔的字符串。

驱动器读取每一行文本并将其发送到线程池，每个线程通过递增共享的计数变量来统计单词。这段代码给出全部代码的开头部分，然后我们将逐步讨论代码，以便了解它们是如何协同工作的：

```
public class WordCount {
  final static AtomicLong count = new AtomicLong();
```

接下来，用辅助方法读取文件并返回字符串流（Stream<String>）。这也是
我们用于该程序的其他版本的模板函数：

```
private static Stream<String> readLines(String fileName) {
  Path path = null;
  Stream<String> lines = null;
  try {
    path =
Paths.get(Thread.currentThread().getContextClassLoader().getResource(fileNa
me).toURI());
    lines = Files.lines(path);
  } catch (URISyntaxException | IOException e) {
    throw new RuntimeException(e);
  }
  return lines;
}
```

上面的代码从资源文件夹中读取文件，并返回行文本流。图 4-5 说明驱动
器如何读取行，并将每个文本行传递给线程池。

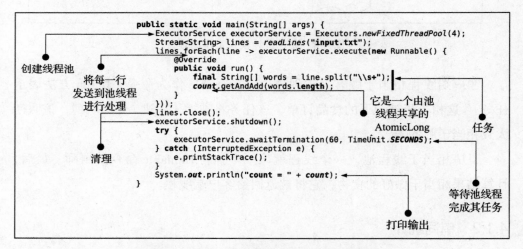

图 4-5　读取文本并将文本行传递给线程池

现有一个含 4 个线程的线程池，我们安装了一个 runnable，它能对行中单
词计数，并递增 count 字段。流结束后，我们关闭流，并关闭 executorService。
执行 waitTermination（...）会等待所有池线程执行完毕。

4.1.3 单词统计的另一个版本

上述版本所更新的 count 变量是一个共享的全局状态变量。要是每个线程返回其 count 值，并且其上层可以对所有 count 值求和，那又会如何呢？

这种方法的问题在于，你无法从 run() 方法返回值，因为该方法的返回值类型为 void。

在这种情况下，callable 接口派上了用场。如图 4-6 所示的版本在完成时使用一组 callable，每个 callable 返回一个 future。

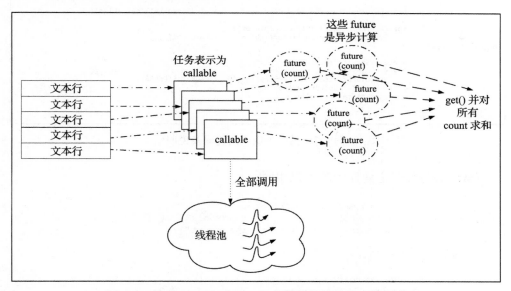

图 4-6 使用 callable 和 future 的单词统计的另一个版本

future 有助于避免阻塞。我们启动所有计算，然后调用每个 future 的 get() 方法，但此方法可以被阻塞（如果计算长时间运行的话）。

图 4-7 显示基于 future 的版本的实现及说明。

就目前而言，代码并未对 count 值全部求和。相反，它只显示每行的单词数，这就允许我们验证 callable 与 future 的组合是否按预期工作。

4.1.4 阻塞队列

阻塞代码实现了一个线程池，我们仅展示有变动的部分，即所使用的池实现是我们自己的。

```
public static void main(String[] args) throws InterruptedException, ExecutionException
{
    ExecutorService executorService = Executors.newFixedThreadPool(4);
    Stream<String> lines = readLines("input.txt");
    List<Callable<Integer>> callables = new ArrayList<>();

    lines.forEach(line -> callables.add(new Callable<Integer>() {
        @Override
        public Integer call() throws Exception {
            final String[] words = line.split("\\s+");
            return words.length;
        }
    }));
    lines.close();

    List<Future<Integer>> futures = executorService.invokeAll(callables);

    for(Future<Integer> future : futures){
        System.out.println("future.get = " + future.get());
    }

    executorService.shutdown();
    try {
        executorService.awaitTermination(60, TimeUnit.SECONDS);
    } catch (InterruptedException e) {
        e.printStackTrace();
    }
}
```

任务列表

每个任务都计算
一行中的单词数

future 计算列表

单词数

图 4-7　另一个版本的代码及说明

驱动器与我们之前提到的大致相同:

```
public static void main(String[] args) {
  MyThreadPool threadPool = new MyThreadPool(4, 20);
  Stream<String> lines = readLines("input.txt");

  lines.forEach(line -> {
    try {
      threadPool.execute(new Runnable() {
        @Override
        public void run() {
          final String[] words = line.split(" ");
          count.getAndAdd(words.length);
        }
      });
    } catch (InterruptedException e) {
            e.printStackTrace();
    }
  });
  lines.close();
  threadPool.stop();
  System.out.println("count = " + count);
}
```

让我们剖析一下 MyThreadPool 类。我们使用 ArrayBlockingQueue 将任务传递给池，代码为:

```
taskQueue = new ArrayBlockingQueue(maxNumOfTasks);
```

它初始化一个可容纳一定任务数量（即其容量）的队列，在我们的驱动器代码中该值为 20。如果某个生产者尝试放入超过队列容量的任务，就会阻塞此队列。

限制任务数量可以控制队列，另外，我们之前也说过，如果队列已满，生产者将被迫等待，如图 4-8 所示。

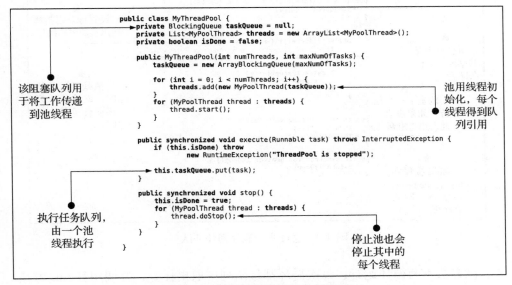

图 4-8　限制任务数量以控制队列

我们使用 MyPoolThread 类，它是 Thread 类的子类。一旦将线程添加到池中，将调用每个线程的 start() 方法，如图 4-9 所示。

注意，在 doStop() 方法中，我们先设置 isDone 标志为 true，再中断线程！请注意，仅设置 isDone 标志是不够的，因为该线程可能在该队列上等待未来要完成的任务，但是又没有任何任务送过来（因为调用了 doStop() 方法）。

注意重写的 run() 方法：

```
public void run() {
  while (!isDone()) {
    try {
      Runnable runnable = (Runnable) taskQueue.take();
```

```
            runnable.run();
        } catch (Exception e) {
            e.printStackTrace();
        }
    }
}
```

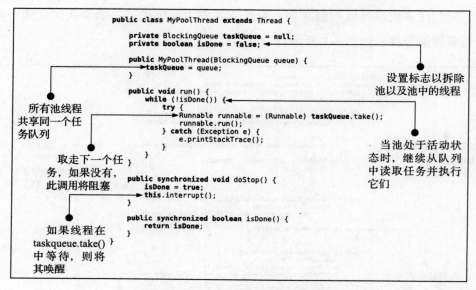

图 4-9　通过线程池处理任务队列

该方法不断循环运行，每次循环都从队列中取出任务，并调用其 run 方法，当 isDone 标志为 true 时，退出循环。

该线程可能在调用 take() 时等待，并且可以想象会永远等待，它将永远看不到 isDone 标志值的变化！

这就是我们在设置标志时需要中断线程的原因，如下所示：

```
public synchronized void doStop() {
  isDone = true;
  this.interrupt(); //break pool thread out of dequeue() call.
}
```

线程会抛出一个 InterruptedException 异常，并中断 taskQueue.take() 方法，然后记录标志的变化，最后退出 run() 方法。

这会清理线程，线程池会干净地退出。

4.1.5 线程中断语义

interrupt() 方法会取消当前线程的操作。但是，需要针对中断对操作进行相应的设计！

这种操作的一个常见示例是 Thread.sleep(...) 方法。以下代码显示了如何使用 interrupt() 方法唤醒睡眠的线程：

```
public class ThreadInterruption {
  public static void main(String[] args) throws InterruptedException {
    Runnable r = new Runnable() {
      @Override
      public void run() {
        try {
          Thread.sleep(40000);
            } catch (InterruptedException e) {
              System.out.println("I was woken up!!!");;
              }
        System.out.println("I Am done");
      }
    };
    Thread t = new Thread(r);
    t.start();
    t.interrupt();
    Thread.sleep(1000);
    }
}
```

run() 方法刚好睡眠 40 000 毫秒（40 秒）。主线程产生睡眠线程，然后中断它。

如前所述，sleep() 方法会中断，然后醒来，打印消息并退出。

现在，我们应该清楚为什么不能忽略中断，如果忽略线程池的中断，那么池线程将永远等待！

4.2 fork-join 池

Java 7 引入了专门的执行器服务，即 fork-join API。它根据可用的处理器数和其他参数（例如，并发任务的数量）来动态管理线程的数目。它还采用了一种称为"工作窃取"的重要模式——我们很快就会讨论这个问题。

4.2.1 Egrep——简易版

下面我们来看看 fork-join API 的实际应用。我们通过两个示例来了解 fork-join API 的工作原理，目的是在文本文件中找到一个单词，用到的驱动器类是 EgrepWord：

```
public class EgrepWord {
  private final static ForkJoinPool forkJoinPool = new ForkJoinPool();
```

fork-join API 中的主题是递归任务。以下代码中的类 WordFinder 继承自 RecursiveTask <List<String>> 类，构造方法的两个参数分别是一行文本和要搜索的单词：

```
private static class WordFinder extends RecursiveTask<List<String>> {
  final String line;
  final String word;

  private WordFinder(String line, String word) {
    this.line = line;
    this.word = word;
  }
}
```

下面是驱动器，它从资源文件夹中读取一个文件，并在假设它是文本文件的情况下在其中搜索给定的单词：

```
public static void main(String[] args) {
  Stream<String> lines = readLines("input.txt");
  List<WordFinder> taskList = new ArrayList<>();
  lines.forEach(line ->taskList.add(new WordFinder(line, "is")));
  List<String> result = new ArrayList<>();
    for (final WordFinder task : invokeAll(taskList)) {
    final List<String> taskResult = (List<String>) task.join();
    result.addAll(taskResult);
  }
  for(String r: result) {
    System.out.println(r);
  }

}
```

图 4-10 显示核心概念。

该任务是根据 WordFinder 类定义的。我们将在 taskList 变量中创建这些任务的列表，在此任务列表上调用 invokeAll 时，所有任务都是分叉的，即它们由池线程执行。最后，所有任务结果都打印在标准输出设备上，也就是打印含有字符串 "in" 的所有文本行。

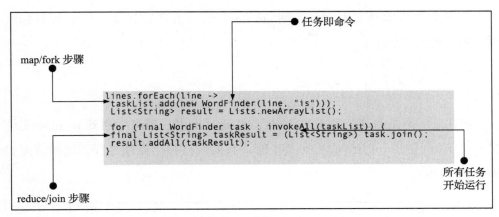

图 4-10　核心概念

4.2.2　为什么要使用递归任务

任务可以自己分叉（fork）出更多的子任务。为了认识这一点，让我们扩展前面的 egrep 程序，以允许创建一个递归的 egrep，具体来说，在给定的目录中，程序将递归查找目录树中包含该单词的所有文件。

我们适当地更改了以前的代码，如下所示：

```
public class EgrepWord1 {
  private final static ForkJoinPool forkJoinPool = new ForkJoinPool();

  private static class WordFinder extends RecursiveTask<List<String>> {

    final File file;
    final String word;

    private WordFinder(File file, String word) {
      this.file = file;
      this.word = word;
    }
```

该任务适用于两种文件：如果它是一个目录，则任务进入目录并产生更多的子任务来处理每个子条目（这些子条目本身可能是目录）：

```
@Override
protected List<String> compute() {
  if (file.isFile()) {
    return grepInFile(file, word);
  }
```

如果文件确实是文本文件，则 grepInFile(...) 方法在该文件中查找目标单词，相应的代码如下：

```
else {
  final File[] children = file.listFiles();
  if (children != null) {
```

如果 file 不是目录，则 listFiles() 方法返回 null。当遍历遇到 mypipe 文件是一个 fifo（使用 mkfifo 命令创建）时，我们跳过整个处理过程，这种情况如图 4-11 所示。

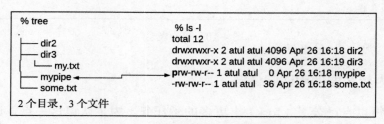

图 4-11　遇到 mypipe 文件是 fifo

否则，它是一个目录，但目录本身又可能为空，此时，children 数组也将为空，这是由 File.listFiles(...) 契约给出的。同样地，在这种情况下，我们跳过子任务处理过程，这种情况如图 4-12 所示。

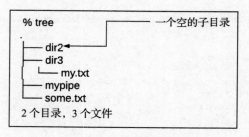

图 4-12　遇到空目录

检查了这些边界条件后，我们继续进行目录的嵌套处理：

```
List<ForkJoinTask<List<String>>> tasks = Lists.newArrayList();
List<String> result = Lists.newArrayList();
for (final File child : children) {
```

如果进入 for 循环，则表明目录非空，如图 4-13 所示。

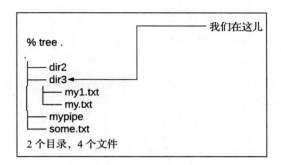

图 4-13　进入非空目录

它的核心代码如下：

```
if (child.isFile()) {
  List<String> taskResult = grepInFile(child, word);
  result.addAll(taskResult);
} else {
    tasks.add(new WordFinder(child, word));
}
```

如果子 child 是文件，我们只需执行 grep 处理，并累加结果。图 4-14 帮助我们了解如何处理任务和子任务。

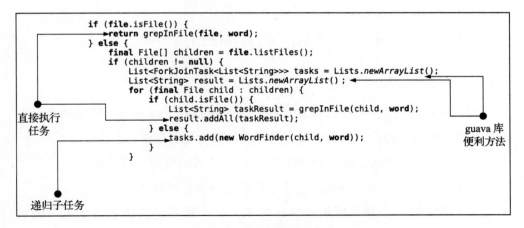

图 4-14　处理任务和子任务

我们可以简化以下代码段吗？这留给读者作为练习。

```
if (child.isFile()) {
  List<String> taskResult = grepInFile(child, word);
```

```
    result.addAll(taskResult);
} else {
    tasks.add(new WordFinder(child, word));
}
```

最后，还有 grep 处理，它非常简单。我们从该文件中创建一个 lines 流。

```
private List<String> grepInFile(File file, String word) {
    final Stream<String> lines = readLines(file);
    final List<String> result = lines
    .filter(x -> x.contains(word))
    .map(y -> file + ": " + y)
    .collect(Collectors.toList());

    return result;
}
```

程序将根据行是否包含给定单词来过滤流。对于所有这样的行，它会对文件名进行处理，然后使用流的 collect 方法生成列表。

```
public static void main(String[] args) throws URISyntaxException {
    final Path dir1 = getResourcePath("dir1");
    final List<String> result = forkJoinPool.invoke(new
WordFinder(dir1.toFile(), "in"));

    for(String r: result) {
        System.out.println(r);
        }
}
```

提供的驱动器代码会驱动代码，并在控制台上打印结果。

4.2.3 任务并行性

fork-join 是一种并行设计模式。我们构建并执行 fork-join，以便当我们遇到目录时，执行过程会并行地分叉，最终该结果与更高层进行合并。

现在讨论分治策略，图 4-15 显示运行中的分治策略的一般模式。

Fork-join 很适合用于服从先前任务或子任务划分的处理。

分治算法的一个著名例子是快速排序，这个著名的算法通过使用中值将数组分成两半来排序数组。有关快速排序的更多信息，请参阅 https://www.geeksforgeeks.org/quick-sort/。图 4-16 显示了该算法的精髓。

当数组中的元素很少时（大约 100 或更少），那么分治算法没有什么优势。在这种情况下，我们可以使用选择排序或插入排序来对数组进行排序。

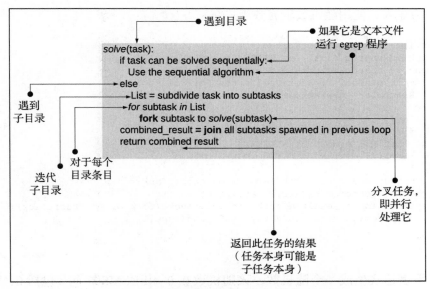

图 4-15 分治策略的一般模式

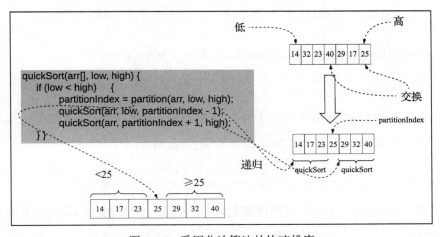

图 4-16 采用分治算法的快速排序

快速排序算法可以用 fork-join 来设计。你能找到分叉和合并点吗？在你继续阅读之前先想一想……

4.2.4 使用 fork-join API 实现快速排序

以下代码段基于 fork-join API 实现一个快速排序，我们使用 1000 个元素的数组作为输入，使用随机数填充数组：

```
public class QuickSortForkJoin {
  public static final int NELEMS = 1000;
  public static void main(String[] args) {
    ForkJoinPool forkJoinPool = new ForkJoinPool();
    Random r = new Random();

    int[] arr = new int[NELEMS];
    for (int i = 0; i < arr.length; i++) {
      int k = r.nextInt(NELEMS);
      arr[i] = k;
    }
    ForkJoinQuicksortTask forkJoinQuicksortTask = new
ForkJoinQuicksortTask(arr,0, arr.length - 1);
    final int[] result = forkJoinPool.invoke(forkJoinQuicksortTask);
      System.out.println(Arrays.toString(result));
    }
}
```

以下表达式生成一个随机数，该随机数在 0~NELEMS 之间（包括 0，但不包括 NELEMS）：

```
int k = r.nextInt(NELEMS);
arr[i] = k;
```

我们通过构造 ForkJoinQuicksortTask 类的实例来启动排序：

```
ForkJoinQuicksortTask forkJoinQuicksortTask = new
ForkJoinQuicksortTask(arr);
```

构造函数以数组为参数。由于我们需要对所有数组进行排序，因此构造函数可以计算出数组的下界和上界，即 0 和 arr.length-1：

```
final int[] result = forkJoinPool.invoke(forkJoinQuicksortTask);
System.out.println(Arrays.toString(result));
```

调用 fork-join 所得到的结果将被打印到控制台。我们使用 Arrays 类的辅助方法来打印已排好序的数组元素。

4.2.4.1　ForkJoinQuicksortTask 类

根据 fork-join API 的约定，ForkJoinQuicksortTask 类继承自 RecursiveTask 类。该类合并并返回一个整型数组，如下所示：

```
class ForkJoinQuicksortTask extends RecursiveTask<int[]> {
    public static final int LIMIT = 100;
```

```
int[] arr;
int left;
int right;

public ForkJoinQuicksortTask(int[] arr) {
  this(arr, 0, arr.length-1);
}

public ForkJoinQuicksortTask(int[] arr, int left, int right) {
  this.arr = arr;
  this.left = left;
  this.right = right;
}
```

如前所述，快速排序在小型数组上效果不好（当数组元素个数小于或等于 100 时）。当我们不用分治策略，而是退回去使用其他方法来对小型数组排序时，LIMIT 常量定义了元素个数：

```
public static final int LIMIT = 100;
```

该数组围绕一个枢轴元素进行划分，因此所有小于枢轴元素的元素都位于它的左侧，其他元素位于枢轴元素的右侧（右侧元素大于或等于枢轴元素）。枢轴方法的原理如图 4-17 所示。

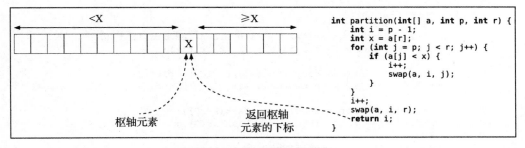

图 4-17　枢轴方法的原理

现在请读者拿出一张纸和一支铅笔，然后跟踪 partition() 方法的执行过程，这将有助于你理解该方法的工作原理。

partition 方法的代码如下所示：

```
int partition(int[] a, int p, int r) {
  int i = p - 1;
  int x = a[r];
  for (int j = p; j < r; j++) {
    if (a[j] < x) {
```

```
        i++;
        swap(a, i, j);
      }
  }
  i++;
  swap(a, i, r);
  return i;
}
```

swap 方法只是一个辅助方法，它使用临时变量来交换数组的两个元素：

```
void swap(int[] a, int p, int r) {
  int t = a[p];
  a[p] = a[r];
  a[r] = t;
}

private boolean isItASmallArray() {
  return right - left <= LIMIT;
}
}
```

有了这些背景，让我们看看 compute() 方法，它是 fork-join 处理的核心：

```
@Override
protected int[] compute() {
  if (isItASmallArray()) {
    Arrays.sort(arr, left, right + 1);
    return arr;
  } else {
    List<ForkJoinTask<int[]>> tasks = Lists.newArrayList();
    int pivotIndex = partition(arr, left, right);

    int[] arr0 = Arrays.copyOfRange(arr, left, pivotIndex);
    int[] arr1 = Arrays.copyOfRange(arr, pivotIndex + 1, right + 1);

    tasks.add(new ForkJoinQuicksortTask(arr0));
    tasks.add(new ForkJoinQuicksortTask(arr1));

    int[] result = new int[]{arr[pivotIndex]};
    boolean pivotElemCopied = false;
    for (final ForkJoinTask<int[]> task : invokeAll(tasks)) {
      int[] taskResult = task.join();
      if (!pivotElemCopied) {
      result = Ints.concat(taskResult, result);
      pivotElemCopied = true;
    } else {
        result = Ints.concat(result, taskResult);
      }
    }
      return result;
  }
}
```

　　if 子句调用 isItASmallArray() 方法来检查数组是否太小，如果太小就应该使用其他排序方法。如果数组确实太小，我们只需简单地使用 Arrays.sort(...) 对其进行排序：

```
if (isItASmallArray()) {
  Arrays.sort(arr, left, right + 1);
  return arr;
  }
```

　　else 子句更有趣，我们创建一组递归的 fork-join 任务，它们都放在 tasks 列表中：

```
else {
  List<ForkJoinTask<int[]>> tasks = Lists.newArrayList();
  int pivotIndex = partition(arr, left, right);
```

　　该数组被划分为两个部分，并返回 pivotIndex。以下代码行将增加两个子数组作为 fork-join 任务：

```
int[] arr0 = Arrays.copyOfRange(arr, left, pivotIndex);
int[] arr1 = Arrays.copyOfRange(arr, pivotIndex + 1, right + 1);

tasks.add(new ForkJoinQuicksortTask(arr0));
tasks.add(new ForkJoinQuicksortTask(arr1));
```

　　我们通过复制数组中一定范围内的元素来创建两个新的子数组，这有助于我们在 join 阶段使用 Ints.concat(...) 方法连接两个数组，Ints.concat(...) 方法来自 Google 的优秀的 Guava 库。

　　我们为什么要这样做呢？你猜对了，是为了并行地对这两个子数组排序，余下的代码行用于连接已排序的子数组：

```
int[] result = new int[]{arr[pivotIndex]};
boolean pivotElemCopied = false;
for (final ForkJoinTask<int[]> task : invokeAll(tasks)) {
 int[] taskResult = task.join();
  if (!pivotElemCopied) {
    result = Ints.concat(taskResult, result);
    pivotElemCopied = true;
  } else {
      result = Ints.concat(result, taskResult);
    }
}
return result;
```

我们将 result 变量初始化为一个包含枢轴元素的单元素数组，然后将此枢轴元素作为结果追加到第一个排序数组的末尾，接下来，我们将第二个排序数组追加到该结果的末尾，从而为我们提供一个完整的排序数组。

4.2.4.2 写时拷贝技术

请注意，我们不更改源数组，排序不会就地发生。输入数组不被修改，相反，我们返回的是输入数组的已排序副本，以下代码行用于复制子数组：

```
int[] arr0 = Arrays.copyOfRange(arr, left, pivotIndex);
```

然后，代码传递它进行进一步的排序。如果我们确保永远不就地改变数据结构，那么我们就不需要同步它。任何数量的线程都可以自由地读取它，并且我们事先就知道没有人能够改变它！

你可以实际更改驱动器代码以查看此操作：

```
System.out.println(Arrays.toString(arr)); // [240, 565, 485, 357, 437,
316...
System.out.println(Arrays.toString(result)); // [0, 0, 1, 2, 4, 7, 8, 8,
10...
```

当然，先前的方案分配了许多数组，如果先复制整个数组再就地进行排序会更容易，图 4-18 给出了这种方案的实施过程。

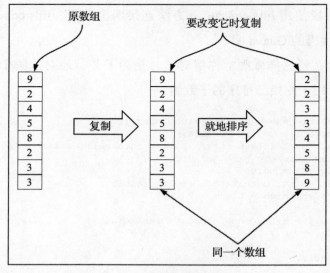

图 4-18　复制数组再排序

我们需要进行一个取舍权衡，在使数组不可变的同时，我们又需要进行刚好足够的复制，以避免过多不必要的复制。当然，在这种情况下，我们别无选择，只能复制整个数组。但是，正如我们将很快看到的，不可变链接列表可以使用结构共享来提供非常有效的前置操作，如图 4-19 所示。

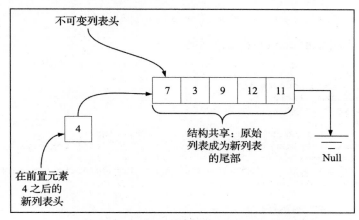

图 4-19　不可变链接列表的结构共享

4.2.4.3　就地排序

以下代码显示了使用 fork-join API 进行快速排序的就地排序版本，这些代码还显示了相关的代码段和大纲，完整的代码可以在本书的代码库中找到：

```java
public class InPlaceFJQuickSort {

  public static final int NELEMS = 1000;

  public static void main(String[] args) {
    ForkJoinPool forkJoinPool = new ForkJoinPool();
    Random r = new Random();

    int[] arr = new int[NELEMS];
      for (int i = 0; i < arr.length; i++) {
        int k = r.nextInt(NELEMS);
        arr[i] = k;
      }

    ForkJoinQuicksortAction forkJoinQuicksortAction = new
ForkJoinQuicksortAction(arr,0, arr.length - 1);
    forkJoinPool.invoke(forkJoinQuicksortAction);
    System.out.println(Arrays.toString(arr)); // The array is sorted, in
place
  }
}
```

驱动器类使用 Workhorse 类，ForJoinQuickSortAction 继承自 RecursiveAction。重写的 compute（...）方法的返回类型为 void，这很适合我们，因为我们不需要返回任何东西！被分叉的任务就地改变数组。ForkJoinQuicksortAction 类如下所示：

```
class ForkJoinQuicksortAction extends RecursiveAction {
```

以下代码段显示 compute（...）方法：

```
@Override
protected void compute() {
  if (isItASmallArray()) {
    Arrays.sort(arr, left, right + 1);
  } else {
     int pivotIndex = partition(arr, left, right);
     ForkJoinQuicksortAction task1 = new ForkJoinQuicksortAction(arr,
left, pivotIndex - 1);
     ForkJoinQuicksortAction task2 = new ForkJoinQuicksortAction(arr,
pivotIndex + 1, right);
     task1.fork();
     task2.compute();
     task1.join();
    }
}
```

该方法更简单，我们将拆分的左侧部分进行分叉，以便让它被不同的线程处理，并用 compute() 计算右侧的部分。该行只是等待左侧部分被排序。其他方法保持不变，因此未列出。对于通过复制数组使用就地排序的版本，留给读者作为练习：

```
task1.join();
```

4.2.5　map-reduce 技术

我们实际上是跨不同的线程分配工作。正如我们已经看到的，合并（join）步骤将子结果减少（整理）为单个结果。各种形式的 map-reduce 算法基本上都基于相同的原则。

十分普遍的例子是单词统计程序。我们有一个单词流（所有标点符号都被删除），希望计算每个单词的频率，即它在流中出现的次数。

图 4-20 显示如何使用哈希表来计算频率。

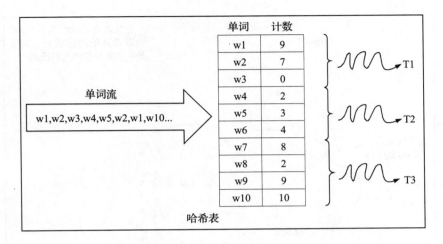

图 4-20   使用哈希表计算词频

哈希表是不同线程共享的数据结构，算法很简单：

```
key <- hash (word)
    if (键在哈希表中) {
    关联计数递增
    } else {
        将键放入表，并将关联计数初始化为1
}
```

在并发操作时，我们的想法是同时处理多个单词。上面的算法应该在多个线程中运行，每个线程负责哈希表的子部分。

合并步骤只是迭代哈希表并输出频率。在下一章中，我们将看到如何设计这样的哈希表，并介绍锁条纹设计模式。

4.3   线程的工作窃取算法

ExecuterService 是一个接口，ForkJoinPool 是它的一个实现。该池将查找可用的 CPU，并创建许多工作线程，然后，将负载均衡分散在每个线程上。

通过使用特定于线程的双端队列（deque），将任务分散到每个线程。图 4-21 显示每个线程都有自己的任务缓冲区，缓冲区是一个双端队列，它是一种数据结构，允许从缓冲区的两端压入和弹出。

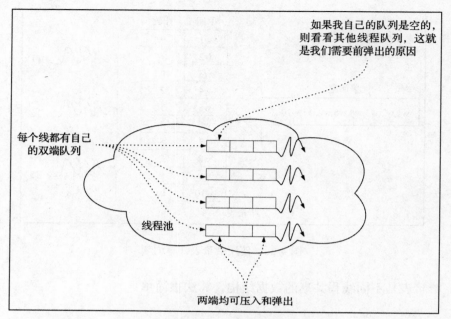

图 4-21 双端队列缓冲区

    deque 允许线程使用工作窃取。可能会发生这样的情况：某些任务的计算很繁重，因此执行处理的线程可能需要更长时间；另一方面，其他池线程可能会获得更轻松的任务，并且不会有任何其余工作要做。

    这种情况下，空闲线程可以从一些过载的随机线程的双端队列中"窃取"任务，这种设计是为了高效地处理任务。以下代码显示了池线程的工作方式，其中，线程由 TaskStealingThread 类表示：

```
import java.util.Deque;
import java.util.Random;

public class TaskStealingThread extends Thread {
  final Deque<Runnable>[] arrTaskQueue;
  final Random rand;
  int    myId;

    public TaskStealingThread(Deque<Runnable>[] arrTaskQueue, Random rand)
{
      this.arrTaskQueue = arrTaskQueue;
      this.rand = rand;
    }
```

如前面的代码所示，成员变量 arrTaskQueue 是一个 deque 数组，成员变量

rand 用于生成随机索引，以便索引 arrTaskQueue。成员变量 myId 保存此线程的 deque 在 arrTaskQueue 中的索引。

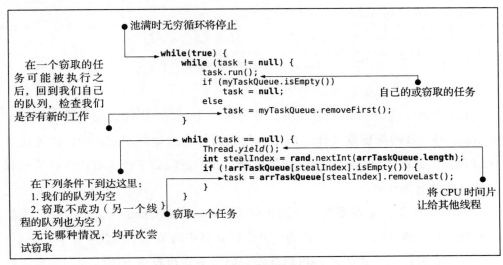

图 4-22   工作窃取算法说明

图 4-22 有助于了解窃取的工作原理。嵌套 while 循环有两层，第一层是故意的无限循环，它使池线程保持活动状态（这意味着，它只会在当池关闭时因中断而退出）。

```
@Override
public void run() {
  int myId = (int) getId();
  Deque<Runnable> myTaskQueue = arrTaskQueue[myId];
  Runnable task = null;
  if (!myTaskQueue.isEmpty()) {
    task = myTaskQueue.pop();
    }
```

前面的代码获取对应于此线程实例的 deque，它试图通过弹出双端队列来获得一个新任务。

```
while(true) {
```

第一个（无限）循环开始：

```
while (task != null) {
  task.run();
  task = myTaskQueue.removeFirst();
}
```

如果任务不为 null, 则表示该线程有足够的任务要处理。因此, 它持续从队列中获取任务并运行它们。

```
while (task == null) {
  Thread.yield();
  int stealIndex = rand.nextInt(arrTaskQueue.length);
  if (!arrTaskQueue[stealIndex].isEmpty()) {
    task = arrTaskQueue[stealIndex].removeLast();
  }
}
```

如上所示, 当任务队列耗尽时, 任务可能为 null。因此, 我们进入第二个 while 循环, 目的是窃取工作。但是, 我们需要在这里调用 yield(), 以便应其他线程有机会先运行。请注意, 如果可能, 我们更倾向于让拥有此队列的线程运行分配给它的任务。

stealIndex 变量被设置为一个随机位置(0~arrTaskQueue.length()-1)。我们一直在查看其他池线程的任务队列, 并尝试从其中的某一个内获取一个任务。

一旦获取任务并运行它, 我们首先会回过头来检查自己的队列。如果线程已被分配任务, 则它会再次返回, 并运行在自己队列中的任务。

循环会继续, 从而使工作窃取与正常任务处理交织在一起。

4.4 主动对象

这里有一个经典问题, 它给出的是一段没有任何线程考虑的遗留代码, 我们如何使它线程安全?

下面这个类展示了此问题:

```
private class LegacyCode {
  int x;
  int y;

  public LegacyCode(int x, int y) {
    this.x = x;
    this.y = y;
  }
  // setters and getters are skipped
  // they are there though
```

有两个方法 m1() 和 m2(), 它们以某种方式改变实例状态。这是 m1() 方法:

```
public void m1() {
  setX(9);
  setY(0);
}
```

它将成员变量 x 设置为 9，将成员变量 y 设置为 0。

```
public void m2() {
  setY(0);
  setX(9);
}
```

m2() 方法则相反：它将 x 设置为 0，将 y 设置为 9。

如果我们尝试通过线程使这个类并发，你知道我们需要仔细同步对所有共享状态的访问。当然，任何遗留代码都有许多其他难以预料的后果，比如副作用、异常、共享数据结构等。

要正确地同步所有变化确实是一项艰巨的任务，这种情况下，我们可以求助于"大锁"解决方案。

4.4.1　隐藏和适应

解决方案是提供对遗留代码的受控访问，例如，我们可以将遗留代码隐藏为私有实例，并提供委托方法：

```
public class WrapperObject {
  private LegacyCode legacyCode;

  public synchronized void m1() {
    legacyCode.m1();
  }
  ...
```

WrapperObject 类的内部锁用于跨线程同步，这将使其线程安全，但并发将被序列化。线程竞争将是一个主要问题，如图 4-23 所示。

该策略有效，但我们可以做得更好吗？似乎主动对象就是答案。

4.4.2　使用代理

这种模式很好地利用了代理设计模式，它有一个阻塞队列充当任务队列，下面是它的声明：

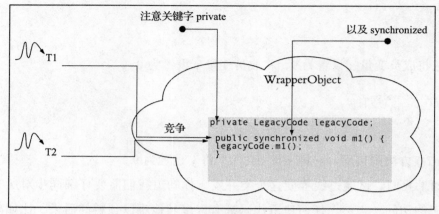

图 4-23　隐藏遗留代码

```
private BlockingQueue<Runnable> queue = new
LinkedBlockingQueue<Runnable>();

private Thread processorThread;
```

以下方法启动单个消费者线程，该线程消费任务队列中的任务，它只是线程和 runnable（接口），并在名为 processorThread 的成员变量中被跟踪：

```
public void startTheActiveObject() {
  processorThread = new Thread(new Runnable() {

    @Override
    public void run() {
```

run() 方法永远运行，直到线程被中断。若被中断，将打印一条消息，并且处理器线程退出。该方法启动线程并退出：

```
while (true) {
  try {
    queue.take().run();
      } catch (InterruptedException e) {
              // terminate
        System.out.println("Active Object Done!");
        break;
      }
    }
  }
});
processorThread.start();
}
```

代理将该逻辑编码为一个 runnable，并将其作为任务放在队列中！以下代码显示打包方法的代理：

```
private void invokeLegacyOp1() throws InterruptedException {
  queue.put(new Runnable() {
    @Override
    public void run() {
      legacyCode.m1();
      legacyCode.m2();
    }
  });
}
```

其他方法也类似：

```
private void invokeLegacyOp2() throws InterruptedException {
  queue.put(new Runnable() {
    @Override
    public void run() {
      legacyCode.m2();
      legacyCode.m1();
    }
  });
}
```

图 4-24 帮助我们了解这些部分如何组合在一起并实现该模式。

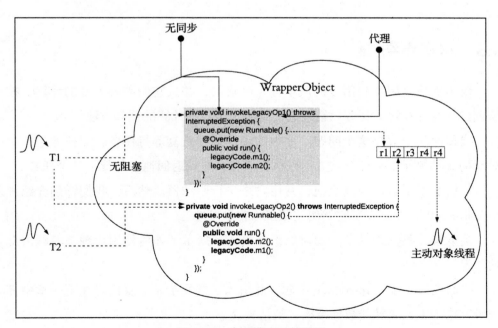

图 4-24　代码模式示例说明

下面是一个驱动器：它实现前面的所有机制。我们创建包装器对象并调用方法，而忽略了这些方法确实是代理的事实！

我们通过控制台上打印相关消息来验证方法是否运行：

```
public static void main(String[] args) throws InterruptedException {
  WrapperObject wrapperObject = new WrapperObject();
  wrapperObject.startTheActiveObject();

  wrapperObject.invokeLegacyOp1();
  wrapperObject.invokeLegacyOp2();

  Thread.sleep(5000);
  wrapperObject.stop();
}

private void stop() {
  thread.interrupt();
}
```

最后，我们通过调用 stop() 方法来停止处理器线程，此方法直接中断线程，然后打印相应的告别消息并退出！

所以，我们现在已经看到了中断语义是如何工作的。

4.5 本章小结

线程创建、调度和销毁的成本都是昂贵的，并且它们需要大量的计算。按需创建线程并在完成任务后销毁它们是组织多线程计算的低效方法。

线程池用于解决这个问题。池中的每个线程重复等待任务，而任务是一个短暂的计算单元。线程会被重用以执行任务，然后返回池中等待下一个任务。

我们实现了自己的线程池，并用它来执行驱动器。然后，我们详细介绍了 fork-join API，并研究了它如何使用工作窃取策略。

接下来，我们讨论了主动对象设计模式，展示了如何使用代理来隐藏内部的并发。

我们还讨论了 map-reduce 主题，并引入了并发哈希。我们将在下一章中仔细研究这个引人入胜的数据结构，敬请关注。

第 5 章 | *Chapter 5*

提升并发性

本章涵盖了提高数据结构并发的各种策略。我们将研究无锁的堆栈和队列，这些无锁策略使用的是比较交换（CAS），而不是显式同步。CAS 是一个复杂的编程模型，我们很快就会看到，它需要极其谨慎和深入的分析，以确保没有细微的并发错误，例如 ABA 问题。本章还会讨论 ABA 问题，以及可用于有效处理该问题的策略。

本章还将介绍常用的数据结构，如下所示：

❑ 并发堆栈

❑ 队列

❑ 哈希表

最后，我们将讨论一下哈希表，哈希表用于高效实现集合的抽象。集合包含的元素具有唯一性，集合还要实现快速查找操作，无论值是否存在于集合中。

我们将首先讨论使用显式锁定和分离锁设计模式 (lock striping design pattern) 来提高并发性的解决方案。

ℹ️ 完整代码文件可访问 https://github.com/ PacktPublishing/Concurrent-Patterns-and-Best-Practices。

5.1 无锁堆栈

如引言所述，无锁算法比有锁算法更复杂。从本质上讲，它们背后的原理是基于对单个变量进行原子更改，同时保持数据一致性。

后进先出（LIFO）堆栈是编程中很常见的数据结构。我们将使用单链表来表示堆栈，同时，链表的每个节点都保存一个值和一个指向下一个节点的指针（如果有下一个节点，否则为 null），该指针是一个原子引用。

5.1.1 原子引用

原子引用（AtomicReference）类似于原子整数（AtomicInteger），它使得多个线程更新引用时不会导致不一致的情况发生。更新原子引用时使用的方法是 compareAndSet，该方法用到了 CAS（compare and swap，比较和交换）指令。如果你还不熟悉 CAS，请参见第 3 章。

以下代码段显示了一个正在使用中的原子引用：

```
public class TryAtomicReference {
  public static void main(String[] args) {
  String firstRef = "Reference Value 0";

  AtomicReference<String> atomicStringReference =new
AtomicReference<String>(firstRef);
  System.out.println(atomicStringReference.compareAndSet(firstRef,
"Reference Value 1"));
  System.out.println(atomicStringReference.compareAndSet(firstRef,
"Reference Value 2"));

  System.out.println(atomicStringReference.get());
  }
}
```

运行此程序，输出结果为：

```
true
false
Reference Value 1
```

atomicReference 变量的类型是 AtomicReference，它被初始化为对字符串"Reference Value 0"的引用。

如前面的输出所示，第一个 compareAndSet 调用成功，并且用"Reference

Value 1" 替换该值，但是，第二次调用失败，输出结果为 false。

第二次调用之所以失败，是因为内部引用不再是 firstRef，我们已经用新的引用值替换它，结果就不匹配。最后，我们打印包含的值，结果清楚地表明未能将该值设置为 "Reference Value 2"。

修复此错误作为小练习留给读者。

5.1.2 堆栈的实现

无锁堆栈是一个节点元素的单链表，其中，一个节点包含一个值和一个指向下一个节点的链接。在无锁栈的实现中，使用原子引用来维护栈顶。

堆栈的 push 方法用于分配一个新的节点，该节点的 next 字段指向当前的栈顶，然后使用 CAS 尝试改变栈顶，以使这个新节点成为新的栈顶。如果 CAS 的尝试成功，则 push 操作结束；假如 CAS 的尝试失败，则再次重试。这意味着要使用一个 while 循环，如下图中的代码片段所示。

pop 方法采用类似的原理来移除栈顶节点。

不论 CAS 成功与否，这个无锁栈总是处于一致性的状态中。图 5-1 显示整个过程的全貌。

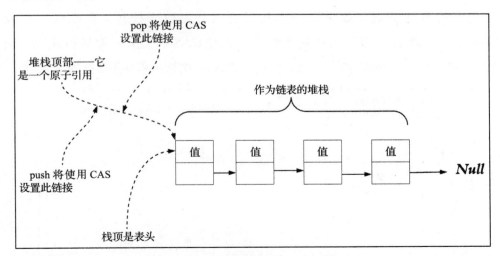

图 5-1　无锁栈使用原子引用维护栈项

以下代码给出了节点的定义，注意，next 链接就是一般的 Java 引用。Node

类的定义如下：

```
private static class Node <E> {
  public final E item;
  public Node<E> next;
  public Node(E item) {
    this.item = item;
    }
}
```

以下代码给出了 stack 类和 push 方法，成员变量 top 是一个原子引用（AtomicReference）：

```
public class LockFreeStack <T> {
  AtomicReference<Node<T>> top = new AtomicReference<Node<T>>();
  public void push(T item) {
    Node<T> newHead = new Node<T>(item);
    Node<T> oldHead;
    do {
      oldHead = top.get();
      newHead.next = oldHead;
        } while (!top.compareAndSet(oldHead, newHead));
    }
```

newHead 指向要插入的节点，该节点也是我们想让它成为栈顶的节点。oldHead 变量是现有节点的引用，它指向当前堆栈的栈顶。

我们尝试设置 newHead，并认为 oldHead 是旧值。do-while 循环考虑了 CAS 失败的情况，如果另一个线程进入并更改了栈顶，那么我们假设"oldHead 为堆栈顶部"的命题是假的。记住 CAS 的语义：如果值改变，则 CAS 成功并返回 true；如果失败，则返回 false。这种流程如图 5-2 所示。

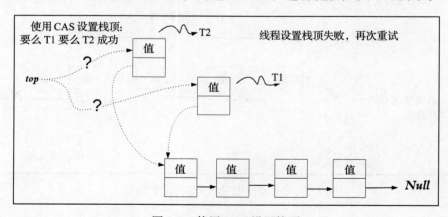

图 5-2　使用 CAS 设置栈顶

CAS 成功时退出循环，注意循环条件是一个否定条件。

接下来是 pop 方法，如下面的代码所示：

```
public T pop() {
  Node<T> oldHead;
  Node<T> newHead;
    do {
      oldHead = top.get();
      if (oldHead == null)
        return null;
        newHead = oldHead.next;
    } while (!top.compareAndSet(oldHead, newHead));
    return oldHead.item;
}
```

pop 方法的工作原理类似于 push 方法：它们都要改变栈顶的值，唯一的区别是 pop 方法从列表中删除并返回一个元素，而不是添加元素！

5.2　无锁的 FIFO 队列

FIFO（先进先出）队列是一种数据结构，队列元素的弹出顺序与它们的插入顺序相同。这与堆栈形成鲜明的对比，堆栈元素的出栈顺序是 LIFO（后进先出）。如果读者需要回忆一下这部分内容，请访问 https://www.geeksforgeeks.org/queue-data-structure /。

使队列更安全的一种直观方法是使用单锁，单锁能使队列实现线程安全。如果只想让这些方法能同步，可以使用显式锁（ReentrantLock）或内部锁。

当然，这样做是可行的，但它会损害并发性，因为在任何时候，只有一个线程能够入队或出队。

然而，我们的目标是既要增加并发性，又要确保线程安全。我们能允许一个线程产生队列元素，而另一个则消费队列元素吗？

下面这个类使用一个线程安全、容量有限的 FIFO 队列，该队列还用到两个锁，一个锁用于保护插入操作（元素入队），另一个锁用于从队列中取出元素（元素出队）。

图 5-3 是该队列的图解表示。

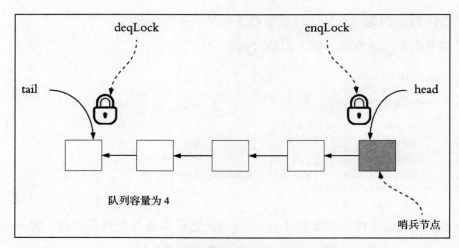

队列容量为 4

哨兵节点

图 5-3 通过锁实现元素入队及出队

以下是对应的代码实现：

```
public class ThreadSafeQueue<T> {
  protected class Node {
    public T value;
    public volatile Node next;
    public Node(T value) {
      this.value = value;
      this.next = null;
    }
  }

  private ReentrantLock enqLock, deqLock;
  Condition notEmptyCond, notFullCond;
  AtomicInteger size;
  volatile Node head, tail;
  final int capacity;
```

我们要处理好队列的两种情形：空队列和满队列。成员变量 size 跟踪队列元素的数量，在下面的代码中，我们将看到如何用它的值表示正确的条件变量。最后，head 和 tail 变量的修饰符是 volatile，有关 volatile 变量的更多信息，请参阅第 2 章。

以下代码段是队列的构造函数，该队列的最大元素个数为 cap：

```
public AThreadSafeQueue(int cap) {
  capacity = cap;
  head = new Node(null);
  tail = head;
```

```
    size = new AtomicInteger(0);
    enqLock = new ReentrantLock();
    deqLock = new ReentrantLock();
    notFullCondition = enqLock.newCondition();
    notEmptyCondition = deqLock.newCondition();
}
```

下面这个方法的功能是插入元素：

```
public void enq(T x) throws InterruptedException {
  boolean awakeConsumers = false;
  enqLock.lock();
  try {
    while (size.get() == capacity)
      notFullCond.await();
      Node e = new Node(x);
      tail.next = e;
      tail = e;
      if (size.getAndIncrement() == 0)
        awakeConsumers = true;
  } finally {
      enqLock.unlock();
    }
    if (awakeConsumers) {
      deqLock.lock();
      try {
        notEmptyCond.signalAll();
        } finally {
            deqLock.lock();
          }
      }
  }
}
```

我们使用 enqLock 锁，然后检查队列是否已满。当入队元素的数量等于队列容量时，调用者需要等待。

如果队列已满，调用者则等待 notFullCond 条件成立。如第 3 章中所述，条件变量和锁定一起工作，condition.await() 释放锁并跳转到等待处，以等待条件变为真。在这种情况下，要满足的条件是至少有一个空槽来放入新元素。

当有某个线程使用 deque（pop）从队列中取出一个元素时，它会给条件变量发出信号，条件变量是线程之间的通信机制。

最后，当释放 enqLock 锁时，一个元素就已被添加到队列中。如果原来队列为空，并且我们刚刚产生了这个元素，那么应该告诉消费者。代码如下：

```
if (size.getAndIncrement() == 0)
  awakeConsumers = true;
```

原子整数的 getAndIncrement() 方法会增加该变量的值，并返回其原有的值。因此，如果 size 为 0，则可能会有睡眠消费者在等待元素出现。由于我们刚产生了一个元素，我们向消费者（如果有的话）发出信号，告诉它们有新元素。下面是从队列中弹出元素的 deq() 方法：

```
public T deq() throws InterruptedException {
  T result;
  boolean awakeProducers = false;
  deqLock.lock();
  try {
    while (size.get() == 0)
    notEmptyCond.await();
    result = head.next.value;
    head = head.next;
    if (size.getAndDecrement() == capacity)
      awakeProducers = true;
  } finally {
      deqLock.unlock();
  }
  if (awakeProducers) {
    enqLock.lock();
    try {
      notFullCond.signalAll();
    } finally {
        enqLock.unlock();
        }
  }
  return result;
}
```

deq() 方法类似于 enq() 方法，但它检查队列是否已满。如果成立，则唤醒阻塞的生产者，通知它们在队列中有可用的空间。

head 节点是哨兵节点，它的值没有实际意义。一旦从队列中弹出一个节点，该节点就变成哨兵。

5.2.1 流程如何运作

有两个锁，并且尽管 head 和 tail 字段是 volatile 变量，但我们知道这样的变量只是确保能读取 head 和 tail 变量的最新值。可是，由于更新丢失，无法保证不会出现竞争条件。

如果仔细观察，你会注意到 enq(v) 方法根本没有引用 head 字段！同样，deq () 方法从未使用 tail 变量，这能确保我们不会以任何错误的方式更改这两个字段。

接下来，我们又有两个锁（这一点需要强调）。当 enq() 方法处于添加元素过程中时会发生什么？ deq() 线程可以弹出一个半初始化的节点。什么能阻止这种情况？

```
while (size.get() == capacity)
  notFullCond.await();
  Node e = new Node(x);
  tail.next = e;
  tail = e;
  if (size.getAndIncrement() == 0)
    awakeConsumers = true;
```

有两种情况：size 的值为 0 或非 0。在第一种情况下，所有消费者都将被阻塞，直到队列中的元素被产生完之后，才显式地唤醒消费者。

另外，如果 size 不为 0，则至少有一个元素可供消费，这意味着生产者和消费者线程中至少有一个元素不同。因此，当 enq() 线程正在产生元素时，deq() 线程可以正确地弹出 head 元素。

5.2.2　无锁队列

我们将讨论创建一个队列而不使用任何锁！在深入研究这种模式之前，我们需要了解一个重要元素：原子引用。

无锁

鉴于这是一个对 AtomicReference 的介绍，以下代码是一个不使用任何显式锁定的并发队列的实现。以下代码片段显示了该队列对应类的定义：

```
public class NoLocksQueue<T> {
  protected class Node {
    public T value;
    public AtomicReference<Node> next;

    public Node(T value) {
      this.value = value;
      this.next = new AtomicReference<>(null);
    }
  }

  volatile AtomicReference<Node> head, tail;
```

此队列是无限的，请注意，队列没有任何 capacity 字段。队列节点有一个值和一个 next 指针（它是一个原子引用），变量 head 和 tail 都是原子引用，也都是 volatile 变量。构造函数如下：

```
public NoLocksQueue() {
  final Node sentinel = new Node(null);
  head = new AtomicReference<>(sentinel);
  tail = new AtomicReference<>(sentinel);
}
```

图 5-4 显示构造函数刚执行完毕后的状态，此时的队列基本上是一个空队列。

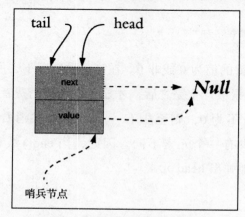

图 5-4　构造函数刚执行完

哨兵节点的值不代表任何意义。

（1）enque(v) 方法

enque(v) 方法显示在以下代码中，注意该方法有一个 while(true) 循环——由于竞争线程的原因，我们的更改可能会失败：

```
public void enque(T v) {
  Node myTailNode = new Node(v);
  while (true) {
    Node currTailNode = tail.get();
    Node next = currTailNode.next.get();
    if (next == null) {
      if (currTailNode.next.compareAndSet(next, myTailNode)) {
        tail.compareAndSet(currTailNode, myTailNode);
        return;
      }
    } else {
      tail.compareAndSet(currTailNode, next);
    }
  }
}
```

　　执行流程不太容易看明白，让我们一步一步地理解它。我们假设只有一个线程将一个元素入队，没有其他线程使元素入队或出队，此时我们就说队列是空的，请参见图 5-4。另外，当构造函数执行完毕时队列也为空，此场景如图 5-5 所示。

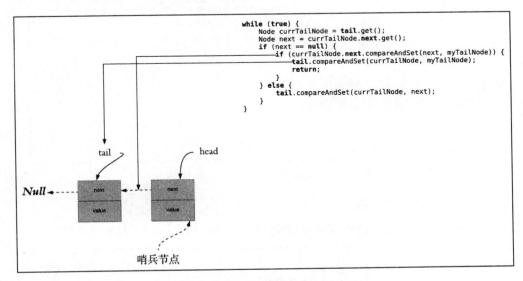

```
while (true) {
    Node currTailNode = tail.get();
    Node next = currTailNode.next.get();
    if (next == null) {
        if (currTailNode.next.compareAndSet(next, myTailNode)) {
            tail.compareAndSet(currTailNode, myTailNode);
            return;
        }
    } else {
        tail.compareAndSet(currTailNode, next);
    }
}
```

tail　　　　　head

Null

next　　next

value　　value

哨兵节点

图 5-5　只有一个线程的入列场景

　　在此场景中，我们使用 AtomicReference，还使用 compareAndSet(...) 调用来更改值。如上一节所示，此调用可能会失败，因为其他某个线程可能已经提前做了更改。但是，由于我们假设只有一个线程，此调用会成功，我们将向队列添加一个元素。

　　在下一个场景中，让我们添加两个竞争线程，两者都试图将一个元素入队，如图 5-6 所示。

　　在这里，我们有两个竞争线程，每个线程都试图将一个元素入队，它们交错执行，如下面的代码所示：

```
Thread T2 sets tail.next variable to the new node (the tail is not set yet)
Thread T1 sets the local next variable to the new node (just enqueued by T2)
```

　　这会使得 T1 线程执行 else 路径，结果，要么 T1 线程，要么 T2 线程可以设置 tail 变量。一个尝试会成功，而另一个尝试则会失败（你应该自己检查一下为什么会出现这种情况）。

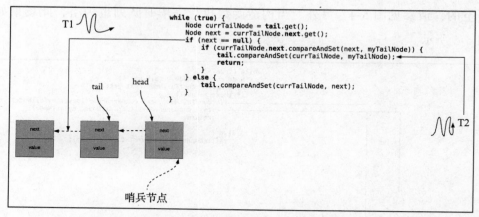

图 5-6　有两个竞争线程的入列场景

结果，元素正确入队。

第三种场景是两个线程都正确读取到 tail.next 值（null），如图 5-7 所示。

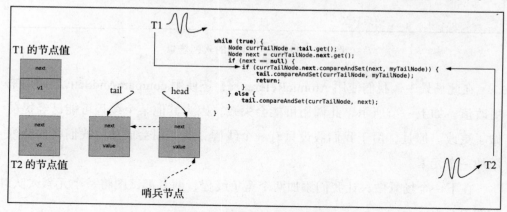

图 5-7　两个线程正确读取值

在这种情况下，一个成功，另一个循环回来（还记得 while 循环吗？），并重试。请读者尝试使用两个以上的线程，绘制同样的图表，并使它能适用于所有情况。

（2）deq() 方法

接下来是用于从队列中弹出元素的 deq() 方法，它也依赖于使用 compare-

AndSet 原语来实现线程安全。请注意，如果队列为空，则该方法将抛出异常。
详见如下代码：

```
public T deque() {
  while (true) {
    Node myHead = head.get();
    Node myTail = tail.get();
    Node next = myHead.next.get();
    if (myHead == head.get()) {
      if (myHead == myTail) {
        if (next == null) {
          throw new QueueIsEmptyException();
        }
        tail.compareAndSet(myTail, next);
      } else {
        T value = next.value;
        if (head.compareAndSet(myHead, next))
        return value;
          }
      }
    }
  }
}
```

让我们来跟踪这个方法的执行过程。假设起初只有一个线程，如果队列为
空，则所有三个 if 语句都返回 true（请参阅前面的空队列方法说明图），该方法
抛出异常。

现在假设队列不为空，并且仍然只有一个线程。在这种情况下，first!= last
（请注意，空队列只有哨兵节点，head 和 tail 的 next 值都指向它！），并且 else
子句得以执行，如图 5-8 所示。

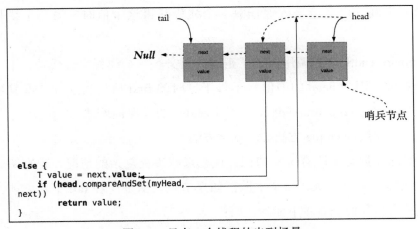

图 5-8　只有一个线程的出列场景

如图 5-8 所示，因为我们假定只有一个正在出队的线程，所以 head 被正确更改！顺序执行时一切正常，这是最简单的情况！

现在，让我们添加两个线程，如图 5-9 所示。

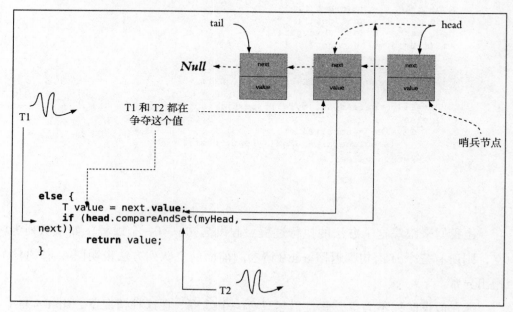

图 5-9　有两个竞争线程的出列场景

考虑交错的情况，即两个线程同时到达 else 分支，两者都在竞争获取相同的值。正确的语义应该确保任意一个线程获得这个值时，另一个线程应该重试！

compareAndSet(...) 调用保证了正确的语义。一个线程将会成功，下一个线程将会失败，因为 head 的旧值将不等于过时的 first 值！当这种情况发生在循环内部时，执行 compareAndSet(...) 返回 false 的线程将重试。

（3）并发执行 enque 方法和 deque 方法

我们已经拥有了所有这些知识，现在来解决更复杂的情况。现有两个同时执行的线程，一个入队，一个出队！如果节点入队发生在 tail 更新之前，则可能产生冲突！我们来看看下面的代码：

```
public T deque() {
  while (true) {
    Node myHead = head.get();
    Node myTail = tail.get();
    Node next = myHead.next.get();
    if (myHead == head.get()) {
      if (myHead == myTail) {
        if (next == null) {
          throw new QueueIsEmptyException();
        }
        tail.compareAndSet(myTail, next);
```

"first == last" 条件可以为真，然而，"next == null" 条件可能不为真！这种情况可能发生吗？会的，因为我们可从 enque() 方法的如下代码看出来：

```
if (next == null) {
  if (last.next.compareAndSet(next, myTailNode)) {
```

在这种情况下，deque() 方法将处理 head 节点，而让 enque() 线程单独更新 tail。

在这些场景发生之前将它们抽象出来，会帮助我们在更深层次上理解代码。

5.2.3 ABA 问题

本质上讲，CAS 会询问 "V 的值是否仍为 A？"，如果答案为 "是"，则将其更新为新值。如果我们计划自己管理节点池，那么可能会遇到 ABA 问题。首先来看一个更基本的概念：ThreadLocal。

5.2.3.1 ThreadLocal 类

ThreadLocal 类允许我们创建由线程拥有的变量。由于存在明确的所有权，因此不需要任何同步。

以下代码显示线程局部变量如何工作：

```
public class TryThreadLocal {
  public static class MyRunnable implements Runnable {
    private int state;
    private ThreadLocal<Integer> threadLocal;
    public MyRunnable(int state) {
      this.state = state;
      this.threadLocal = new ThreadLocal<Integer>();
    }
    @Override
```

```
    public void run() {
      this.threadLocal.set(state);
      for (int i = 0; i < 25; ++i) {
        final Integer v = threadLocal.get();
        System.out.println("Thread " + Thread.currentThread().getId() + ",
value = " + v);
        threadLocal.set(v + 1);
        try {
          Thread.sleep(2000);
          } catch (InterruptedException e) {
              // nothing
          }
        }
      }
    }

    public static void main(String[] args) throws InterruptedException {
      MyRunnable sharedRunnableInstance = new MyRunnable(6);
      Thread thread1 = new Thread(sharedRunnableInstance);
      Thread thread2 = new Thread(sharedRunnableInstance);

      thread1.start();
      thread2.start();

      thread1.join(); //wait for thread 1 to terminate
      thread2.join(); //wait for thread 2 to terminate
    }
}
```

runnable 实例有一个状态变量，当线程开始运行时，都会将起始值放在一个线程局部变量中。两个线程都会循环一段时间，其间，局部变量的值被递增和打印。

运行代码后，结果显示两个线程会递增其局部变量，而不会相互干扰。

5.2.3.2 汇集空闲节点

回到无锁队列示例，我们可能希望通过回收节点来管理我们自己的节点池。当哨兵节点移动时，我们将其添加到池中，而不是将它作为垃圾节点回收，从而使内存管理更有效。

在一个线程池中，每个线程都可以维护自己的空闲节点列表，图 5-10 显示了这种设计。

当线程入队时，它从本地池中选择一个节点。当它出队时，它将节点放回空闲列表。在池为空的情况下，线程使用 new 运算符分配新节点。从池中添加和删除节点不需要同步，因为列表存储在线程局部变量中！

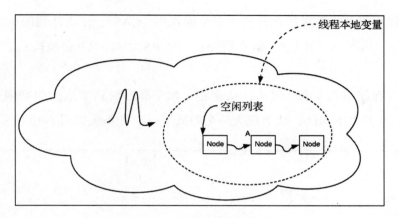

图 5-10　节点池示意图

　　平均而言，如果一个线程的入队和出队的数量相同，那么这个设计就能运行良好。但是，如果我们只使用 AtomicReference，那么就会出现一个令人讨厌的错误——ABA 问题。

　　基于前面的排队策略以及具有三个节点的队列状态，结果将如图 5-11 所示。

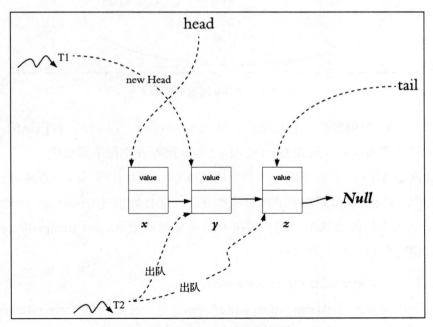

图 5-11　ABA 问题示意图 1

T1 线程出队，并且要执行比较和交换操作（CAS），使得队列的头从节点 x（旧值）变为节点 y（新值），但在能够执行 CAS 之前，T1 会被抢占，T2 线程运行。

T2 线程使节点 y 和 z 出队，从而将 x 和 y 都添加到本地池的空闲列表中。节点 x 入队并再次出队，从而成为一个哨兵节点，此场景如图 5-12 所示。

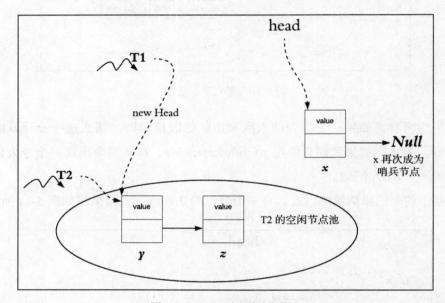

图 5-12　ABA 问题示意图 2

现在，T1 线程醒来并开始运行，如图 5-12 所示，T1 成功执行 CAS，因为旧值 x 再次成为哨兵！现在 head 指向 y（而 y 已经在空闲节点池中）！

这就是 ABA 的名称来源，因为引用从 A（x）变为 B（y 和 z）再到 A（x）！T1 线程不知道过渡期间发生的所有这些变化，并且处理过时的状态！一个简单的原子引用无法解决这个问题，解决方案是通过使用 AtomicStampedReference 让它知道这些更改！

5.2.3.3　AtomicStampedReference 类

以下代码定义了 AtomicStampedReference 类，它是一个 AtomicReference，加上一个戳记（一个变量，每次更新变量时都会递增其值）：

```
public class TryAtomicStampedReference {
  public static void main(String[] args) {
    String firstRef = "Reference Value 0";
    int stamp1 = 0;
    AtomicStampedReference<String> atomicStringReference =new
AtomicStampedReference<String>(firstRef,
stamp1);

    String newRef = "Reference Value 1";
    int newStamp = stamp1 + 1;

    boolean r = atomicStringReference.compareAndSet(firstRef, newRef,
stamp1, newStamp);
    System.out.println("r: " + r);

    r = atomicStringReference.compareAndSet(firstRef, "new string",
newStamp, newStamp + 1);
    System.out.println("r: " + r);

    r = atomicStringReference.compareAndSet(newRef, "new string", stamp1,
newStamp + 1);
    System.out.println("r: " + r);

    r = atomicStringReference.compareAndSet(newRef, "new string", newStamp,
newStamp + 1);
    System.out.println("r: " + r);
    }
}
```

在 AtomicStampedReference 中存储了一个字符串"Reference Value 0"，以及一个值为 0 的戳记。接着，我们尝试将值更新为"Reference Value 1"和戳记 0。由于值和戳记的期望值均匹配，因此值会被更改，戳记也更新为 1。

第二次尝试失败，因为变量的旧值与当前值不匹配。接下来，我们更新旧值，但是传入一个过期的戳记，这样更新尝试也会失败。

最后，我们传入正确的旧值和旧戳，结果，值更改成功。

当我们运行程序时，输出结果如下：

```
r: true
r: false
r: false
r: true
```

为解决此处提到的 ABA 问题，我们可以使用这种带戳记的引用！关于如何使用 AtomicStampedReference 来解决 ABA 问题，作为练习留给读者。

5.3 并发的哈希算法

哈希表通常用数组来实现，每个数组元素都是一个或多个数据项的列表。哈希函数的值映射到数组的索引。每个 Java 对象都有一个 hashCode() 方法，它为对象提供一个整数，该整数除以数组长度得到的余数（模数）作为这个数组的索引。

对于添加、删除或检查操作都要查验集合是否包含某项等任何操作来说，首先需要获得数组（或表）的索引，然后做其余的处理工作。

基本思想是，在给定一个表和一个哈希函数的情况下，我们提供 contains(key) 方法、add(key, value) 方法和 remove(key) 方法，它们具有恒定的平均时间。

图 5-13 显示典型哈希表的工作原理。

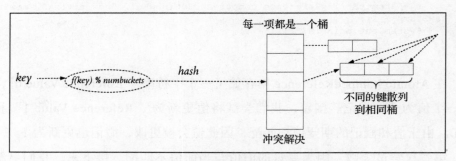

图 5-13　哈希表的工作原理

如图 5-13 所示，对 key 使用哈希函数 f 得到 f(key)，f(key) 对 numbuckets 取模数得到一个 hash 值，此 hash 值即表的偏移量。

我们使用哈希表来表示哈希集合，集合中的元素都是唯一的。

下面给出了三个方法契约：

❑ add(v) 方法。该方法尝试将元素添加到集合中，如果 v 元素已经存在，则该方法只返回 false。否则，该方法向集体中添加 v 值，并返回 true。

❑ contains(v) 方法。如果集合包含 v，则 contains(v) 方法返回 true，否则返回 false。

❑ remove(v) 方法。该方法尝试从集合中删除 v 元素，如果 v 元素存在，
   则将其删除并返回 true，否则返回 false。

以下 HashSet<T> 类显示了我们的抽象:

```
public abstract class HashSet<T> {
  final static int LIST_LEN_THRESHOLD = 100;
  protected List<T>[] table;
  protected AtomicInteger size;
  protected AtomicBoolean needsToResize;

  public HashSet(int capacity) {
    size = new AtomicInteger(0);
    needsToResize = new AtomicBoolean(false);
    for (int i = 0; i < capacity; ++i) {
      table[i] = new ArrayList<>();
    }
  }
```

该类使用列表来代表哈希表，此列表的每个元素本身也是一个列表，我们
将每个列表元素初始化为空列表。

请注意，该类是抽象类。对于它的派生类，同步共享状态的策略是开放的。
图 5-14 以图形方式显示初始情况。

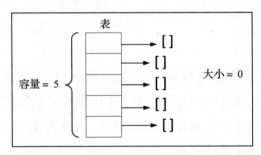

图 5-14　一个初始化为容量为 5 的哈希集合

5.3.1　add(v) 方法

下面我们讨论 add(v) 方法，其代码如下所示。请注意，在 add(v) 的方法体
中调用了 lock(x) 和 unlock(x) 方法，这两个方法是抽象方法:

```
public boolean add(T x) {
  boolean result = false;
  lock(x);
```

```
try {
  int bucket = x.hashCode() % table.length;
  if (!table[bucket].contains(x)) {
  table[bucket].add(x);
  result = true;
  size.incrementAndGet();
  if (table[bucket].size() >= LIST_LEN_THRESHOLD)
  needsToResize.set(true);
    }
} finally {
    unlock(x);
  }
  if (shouldResize())
    resize();
  return result;
}
```

该方法的思想很简单。首先，通过调用 lock(x) 方法获取可变状态（即表）的锁。下面说明为什么将 x 元素传递给 lock() 和 unlock() 方法。

以下代码行通过将 x 元素的哈希码对表大小取模数来计算其对应的桶：

```
int bucket = x.hashCode() % table.length;
```

接下来，它尝试将该元素添加到索引为 bucket 的数组持有的列表中：

```
if (!table[bucket].contains(x)) {
  table[bucket].add(x);
  result = true;
  size++;
}
```

table[bucket] 是一个数组列表。我们在列表中看看是否已经有该元素，如果有，我们不能再往列表中添加该元素（还记得唯一性保证吗？），所以我们返回 false。否则，我们将该元素添加到列表中，size 实例字段加 1 表示该集合又新增了一个元素，并返回 true。

图 5-15 将帮助我们理解此操作。该集合为 {e1，e2，e3，e4}，我们正在尝试添加 e5。假设 e5.hashCode() 的结果为 12，而 12％ 5 的结果为 2，此时，我们就定位于数组索引为 2 的数组元素，并将元素 e5 追加到该数组元素指向的列表。

该方法以 finally 结束，如前面章节所述，将代码打包在 try 或 finally 中将确保无论执行的结果如何，锁都能被释放。你可以用这种方式打包代码，如以下代码所示：

```
    } finally {
        unlock(x);
    }
    if (shouldResize())
        resize();
    return result;
}
```

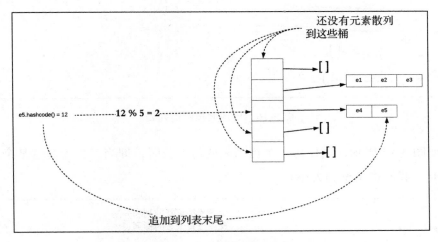

图 5-15 向列表添加元素

shouldResize() 和 resize() 都是抽象方法，具体的实现留给派生类。

需要调整桶大小

为什么我们需要调整桶大小？请注意，每个桶都包含一个元素列表。如果太多的元素散列到同一个桶，我们就要搜索一个非常长的未排序列表，从而导致性能下降，在未排序列表中搜索元素的时间复杂度是 O(n)。

有关算法复杂度的详细内容，请参见 https://www.studytonight.com/data-structures/ time-complexity-of-algorithms。

可能出现太长的桶列表，如图 5-16 所示。

其思想是把这些桶的容量扩大两倍，并重新对所有元素执行哈希操作，使得元素能被重新安排位置，这将确保元素更均匀分布到所有桶列表。调整大小后，会发生（理想的）重组，如图 5-17 所示。

现在，由于大多数列表的长度大致相同，因此查找性能不会恶化。我们什么时候会使用 resize()？这是一个由子类的 shouldResize() 方法实现的策略选择。

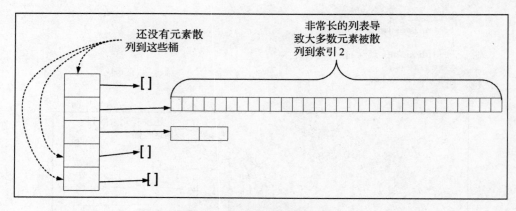

图 5-16 出现太长的桶列表

如图 5-17 所示，当任何一个桶列表变得太长时，即当其长度超过某个全局阈值时，我们将调整其大小。

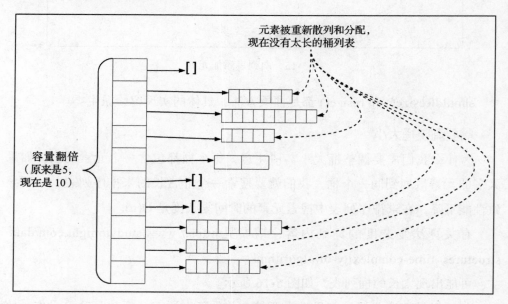

图 5-17 调整桶大小

5.3.2 contains(v) 方法

contains(v) 方法用于搜索哈希集合中的元素。如果集合中有该元素，则

contains(v)方法返回 true，否则，它返回 false。该方法的代码如下：

```
public boolean contains(T x) {
  lock(x);
  try {
    int myBucket = x.hashCode() % table.length;
    return table[myBucket].contains(x);
  } finally {
    unlock(x);
  }
}
```

它的算法思想很明显，涉及两个步骤：

1. 计算哈希值以获得桶的索引。

2. 每个数组元素都包含一个链表，我们使用 contains(x) 方法在链表中搜索。

现在，由于准备工作已经就绪，下面介绍各种策略和模式，以便以线程安全的方式公开这个哈希集合。

5.4 大锁的方法

我们的第一个设计是大锁设计，一次只允许有一个线程！以下类说明了这一点：

```
public class BigLockHashSet<T> extends HashSet<T> {
  final Lock lock;
  final int LIST_LEN_THRESHOLD = 100;

  public BigLockHashSet(int capacity) {
    super(capacity);
    lock = new ReentrantLock();
  }
}
```

如上面的代码所示，BigLockHashSet<T> 是 HashSet<T> 的子类，并使用重入锁（ReentrantLock）。如前所述，重入锁使得持有锁的线程能够再次获取该锁，而不会被阻塞。LIST_LEN_THRESHOLD 常量用于下一节中描述的 shouldResize() 方法。

另外，该类中重写了 lock() 方法和 unlock() 方法，它们只是忽略了 x 参数。这些方法如下代码所示：

```
@Override
protected void unlock(T x) {
  lock.unlock();
}

@Override
protected void lock(T x) {
  lock.lock();
}
```

如上面的代码所示，此实现只是对重入锁进行锁定和解锁，它没有使用传入的参数 x!

调整哈希集合大小的策略

如前所述，当任何一个列表变得太长而超过阈值时，我们会调整哈希集合的大小。以下代码是相应的两种方法：

```
private boolean recheck() {
  for (List<T> list : table) {
    if (list.size() >= LIST_LEN_THRESHOLD) {
      return true;
    }
  }
    return false;
}

@Override
protected boolean shouldResize() {
  return needsToResize.get();
}
```

shouldResize() 方法只是返回 needsToResize 标志的值，recheck() 方法则遍历所有列表，并将它们的长度与阈值进行比较。接下来是实际的 resize() 方法：

```
@Override
protected void resize() {
  lock.lock();
  try {
    if (shouldResize() && recheck()) {
      int currCapacity = table.length;
      int newCapacity = 2 * currCapacity;
      List<T>[] oldTable = table;
      table = (List<T>[]) new List[newCapacity];
      for (int i = 0; i < newCapacity; ++i)
      table[i] = new ArrayList<>();
      for (List<T> list : oldTable) {
```

```
        for (T elem : list) {
          table[elem.hashCode() % table.length].add(elem);
        }
      }
    }
  } finally {
        lock.unlock();
    }
  }
```

在 resize() 方法中，我们获取锁，然后再次调用 shouldResize()！当然，在此期间的一些其他线程可能已经调整了哈希集合的大小，因为不同调用之间存在时间窗口。

如果需要调整大小，我们会分配一个容量为原始容量两倍的新表，并遍历原始表的所有元素，然后重新执行散列操作，并将元素重新插入新表中。

为什么需要调用 recheck( ) 方法呢？可能有这样的情况，在调用 add 和执行 resize 之间，其他一些线程可能已经完成大小的调整，因此，在执行 resize 之前，需要检查一下调整大小的条件是否满足。

5.5　锁条纹设计模式

调整大小的策略存在什么问题呢？它会损害并发性。实际上，我们已经将事务简化为严格的顺序执行，这是一个瓶颈。我们的目标应该是努力允许更多的并发线程处理哈希集合，同时仍然可以确保线程安全！

图 5-18 显示两个并发执行的添加操作。由于两个线程都在处理单独的共享可变状态，所以我们允许它们都可以执行。

两个或更多线程可以向不同的桶添加元素，与此同时，其他线程可以正在搜索该哈希集合。

锁条纹模式使我们能够做到这一点，图 5-19 显示该模式的工作原理。

我们维护的是锁数组，而不是单个锁，后面的代码显示了这个算法。

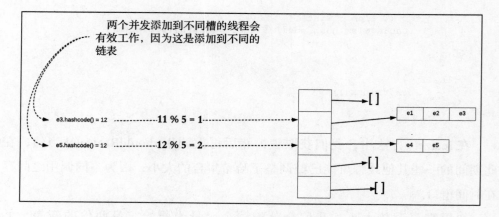

图 5-18   两个并发执行的添加操作

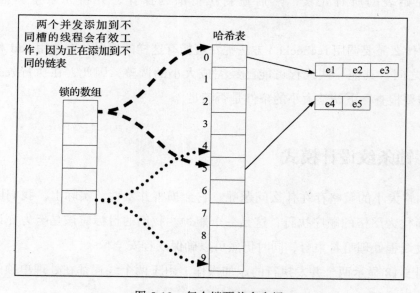

图 5-19   每个锁覆盖多个桶

```
x <- compute the hash for the element
lock(x % length of locks array) // 5 for the above diagram
insert the element for the list at (x % length of table) // 10 for the
above
```

相应的代码如下：

```
public class LockStripedHashSet<T> extends HashSet<T> {
  final Lock[] locks;
```

```
public LockStripedHashSet(int capacity) {
  super(capacity);
  locks = new Lock[capacity];
  for (int i = 0; i < locks.length; ++i) {
    locks[i] = new ReentrantLock();
  }
}
```

锁数组中锁的数量最初等于哈希表中的桶数量。但是，随着调整大小的发生，只需像以前一样重新分配桶数组和表，但不会重新分配锁数组。

因此，随着哈希集合中元素个数的增加，锁必将继续覆盖更多桶和元素，如以下代码所示：

```
@Override
protected void lock(T x) {
  locks[x.hashCode() % locks.length].lock();
}

@Override
protected void unlock(T x) {
  locks[x.hashCode() % locks.length].unlock();
}
```

如上面的算法所述，元素的哈希码代表锁，lock 方法和 unlock 方法使用此哈希码可以访问与该元素关联的锁。

之所以 lock 和 unlock 方法都接受正在被散列的元素，是因为早期版本没有用到它，但是这个版本需要锁定元素才能工作，如以下代码所示：

```
@Override
protected void resize() {
  for (Lock lck: locks) {
    lck.lock();
  }
  try {
    if (shouldResize() && recheck()) {
      int oldCapacity = table.length;
      int newCapacity = 2 * oldCapacity;
      List<T>[] oldTable = table;
      table = (List<T>[]) new List[newCapacity];
        for (int i = 0; i < newCapacity; ++i)
          table[i] = new ArrayList<>();
          for (List<T> bucket : oldTable) {
            for (T x : bucket) {
              table[x.hashCode() % table.length].add(x);
            }
          }
        }
      needsToResize.set(false);
```

```
    } finally {
        for (Lock lck: locks) {
          lck.unlock();
        }
    }
}
private boolean recheck() {
  for (List<T> list : table) {
    if (list.size() >= LIST_LEN_THRESHOLD) {
      return true;
    }
  }
  return false;
}
```

要记住的重点是，我们需要所有锁都执行大小调整，这是为了确保我们可独占地访问在重新分配表并重新分布所有元素时所需的表和所有列表。

出现死锁怎么办？如果两个或多个线程调用 resize() 又会怎么样？请注意，我们始终按顺序锁定"锁数组"。如前几章所述，按序获取锁可以防止死锁。

如果另一个线程已经拥有锁，还可能在这个列表上读写吗？在这种情况下，调整大小操作将暂停执行，以等待线程释放锁。

5.6　本章小结

本章介绍了并发编程中一些大家熟知的模式，重点讨论如何提高数据结构的并发性，使得多个线程都能推进。使用隐式（或显式）同步是一个瓶颈，因此我们探索了替代方案。

我们使用 Java 并发库提供的比较和设置（CAS）原语观察无锁数据结构，实现了一个无锁的 LIFO 堆栈和更复杂的无锁队列，还查看并比较了队列的两种变体：基于锁的队列和无锁队列。

无锁算法比有锁同步算法更复杂，我们也大概介绍了原子引用，它是基于 CAS 的算法的基础，我们还研究了 ABA 问题发生的情形，以及 Atomic-StampedReference 如何解决它。

最后，我们研究了哈希和锁条纹设计模式如何帮助提高哈希表的并发性。掌握了所有这些知识后，我们将学习不变性和函数式编程，以及这种令人兴奋的模式如何帮助我们编写更好的并发程序，敬请关注！

第 6 章　*Chapter 6*

函数式并发模式

在共享状态模型中，可变的状态会导致问题出现。我们已经知道，要正确地同步线程状态是多么困难，这需要我们能够处理正确性、饥饿和死锁。

本章将从函数的角度来看待并发模式。函数式编程（FP）是一种函数式范式，其基石是不变性，我们将使用 Scala 来研究这个方面的内容。不可变数据结构使用结构共享和持久数据结构来确保有良好的性能和安全保障。

我们还将把 future 抽象视为异步计算的表示，异步计算以最佳方式使用线程。Scala 的 future 也是一个单子（monad）（译者注：monad 是函数式编程中的一种抽象数据类型，用于表示计算而不是数据。在以函数式风格编写的程序中，单子可以用来组织包含有序操作的过程，或者用来定义任意的控制流），能够提供可组装性（模块性）。

以下是本章将涵盖的内容：

❑ 不变性

❑ future

以上两部分内容可以帮助我们很好地理解将在下一章中介绍的 actor 范式。

6.1　不变性

不可变对象是线程安全的，如果对象不可变，就无法更改对象。多个线程可以同时读取这样的对象，当线程需要更改值时，它会创建一个修改后的副本。例如，Java 字符串就是不可变的，请看以下代码段：

```java
import java.util.HashSet;
import java.util.Set;

public class StringsAreImmutable {
  public static void main(String[] args) {
    String s = "Hi friends!";
    s.toUpperCase();
    System.out.println(s);

    String s1 = s.toUpperCase();
    System.out.println(s1);

    String s2 = s1;
    String s3 = s1;
    String s4 = s1;

    Set set = new HashSet<String>();
    set.add(s);
    set.add(s1);
    set.add(s2);
    set.add(s3);

    System.out.println(set);
  }
}
```

运行以上代码，输出结果为：

```
Hi friends!
 HI FRIENDS!
 [Hi friends!, HI FRIENDS!]
```

当我们对字符串变量 s 调用 toUpperCase() 方法时，s 的输出结果保持不变，结果，第一次调用结果丢失。下一次调用时，则将结果存储到另一个变量 s1 中，该变量如预期的那样包含了大写字符串。但是，如果再往集合中添加 s2 和 s3，则不会改变任何内容，因为我们已经添加了 s1（注意，集合中的元素总是唯一的）。

图 6-1 显示概念性的对象池和共享：

如图 6-1 所示，Java 字符串被放入池中，由于字符串是不可变的，因此可以很容易地共享它们。如图所示，变量 s1、s2、s3 和 s4 都指向内存中相同的字符串对象。当我们调用 toUpperCase() 方法时，我们得到的是修改后的另一个字符串副本。这种“写时复制”方案的好处是显而易见的，因为线程可以修改字符串而不必担心线程安全。正如代码所示，由于有不变性作保障，字符串很容易成为集合的成员。不存在在我们不知道和不违反契约集合的情况下有人改变对象的危险。（有关更多信息，请参阅 https://www.programcreek.com/2013/09/java-hashcode-equals-contract-set-contains/。）

不可变性有助于创建更容易理解的程序。

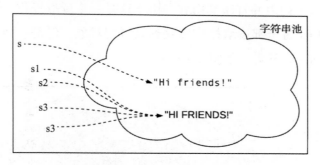

图 6-1　对象池和共享

6.1.1　不可修改的包装器

以下代码给出了 Java 的不可修改的集合，这是一种在可变集合上增加不变性的方法。下面是装饰器模式的一个示例（https://sourcemaking.com/design_patterns/decorator/java/1）：

```java
package com.concurrency.book.chapter07;

import java.util.ArrayList;
import java.util.Collections;
import java.util.List;

public class UnmodifiableWrappers {

  public static List<Integer> createList(Integer... elems) {
    List<Integer> list = new ArrayList<>();
    for(Integer i : elems) {
```

```
      list.add(i);
   }
      return Collections.unmodifiableList(list);
}

public static void main(String[] args) {
   List<Integer> readOnlyList = createList(1, 2, 3);
   System.out.println(readOnlyList);
   readOnlyList.add(4);
   }
}
```

createList() 方法创建、填充和包装 ArrayList, ArrayList 是一个可变的集合，这种编写代码的方式可以确保我们不会无意中漏掉可变列表。原始可变列表是一个后备对象，包装器控制对此后备对象的操作。

我们创建一个列表并打印其内容，由于这是一个读取操作，它成功了。装饰器 readOnlyList 将全部读取操作转发到该可变对象。但是，当我们尝试改变列表时，会碰到一个异常，如图 6-2 所示。

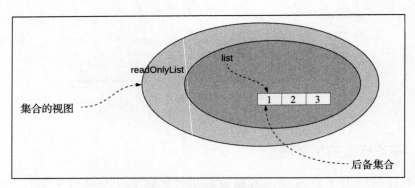

图 6-2　装饰器示意图

输出结果为：

```
[1, 2, 3]
Exception in thread "main" java.lang.UnsupportedOperationException
at java.util.Collections$UnmodifiableCollection.add(Collections.java:1055)
at
com.concurrency.book.chapter07.UnmodifiableWrappers.main(UnmodifiableWrappe
rs.java:20)
```

请注意，该包装仅使列表不可改变。在示例代码中，列表包含整数，这些整数本身是不可变的，但是，如果我们有一个可变对象的列表（对象本身是可变的），又会怎么样呢？这方面的信息，请参阅 https://stackoverflow.com/

questions/37446594/when-creating-an-immutable-class-should-collections-only-contain-immutable-obje。

我们需要使集合及其元素二者都不可变，这将确保在执行各种访问时数据结构都是线程安全的。在以下 Scala 代码中，满足了这两个要求。

如果需要更改内容，首先需要复制列表，然后在创建新列表时更改内容。这会不会导致性能下降呢？让我们看一些函数性的 Scala 代码来理解这些内容。

6.1.2　持久数据结构

术语"持久性"并不是指在磁盘上保存文件的持久性，该术语指的是被维护的同一数据结构的多个版本，多个版本由于"写时复制"而存在，任何未使用的版本都会被当作垃圾回收。

以下代码显示不可变的 Scala 列表以及 append(elem) 和 prepend(elem) 方法。请注意，这两个方法都需要复制和创建该数据结构的修改版。

这两个方法都是递归的，代码根本不使用任何可变迭代器。prepend 操作将对列表进行模式匹配，如果列表为空，则创建一个包含单个元素的新列表。

有趣的是，当列表不为空时，我们只是在列表的头部添加新元素。这将创建一个新版的数据结构，原始列表在两个版本之间在结构上是共享的。该操作的算法复杂度为 $O(1)$：

```
package com.concurrency.book.chapter07

object ListOps extends App {

  def prepend( elem: Int, list: List[Int] ) = list match {
    case Nil => List(elem)
    case _ => elem :: list
  }

  def append( elem: Int, list: List[Int] ): List[Int] = list match {
    case Nil => List(elem)
    case x :: xs => x :: append(elem, xs)
  }

  val list = List(1, 2, 3)
  println(prepend(0, list))
  println(append(4, list))

}
```

prepend 操作如图 6-3 所示。

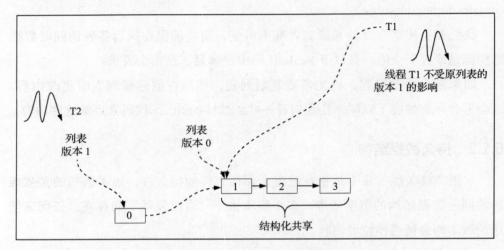

图 6-3　prepend 操作

另一方面，append 操作必须复制全部列表，当我们向只读列表追加内容时，就不可能实现结构化共享，因为每个节点的 next 指针改变了，原因如图 6-4 所示。

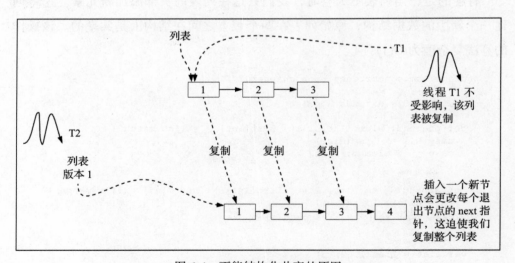

图 6-4　不能结构化共享的原因

由于所有节点都被复制，因此 append 方法的复杂度为 O(n)，这就是我们要尽量避免列表使用 append 操作的原因。如果列表太大，则复制会过多。在设计程序时，我们需要仔细查看它的算法性能，同时确保线程安全。

6.1.3　递归和不变性

在 Scala 中，无论何时使用集合，默认情况下它都是不可变集合，都是自动导入的，随时可以使用。当然，也有可变的集合，但是，你必须专门导入它们：

```
scala> val list = List(1,2,3)
 list: List[Int] = List(1, 2, 3)
 scala> list.append(4)
<console>:14: error: value append is not a member of List[Int]
list.append(4)
scala> import scala.collection.mutable.ListBuffer
 scala> val list1 = ListBuffer(1, 2, 3)
list1: scala.collection.mutable.ListBuffer[Int] = ListBuffer(1, 2, 3)
scala> list1.append(4)
scala> list1
res3: scala.collection.mutable.ListBuffer[Int] = ListBuffer(1, 2, 3, 4)
```

为了跟踪迭代，我们使用递归来实现遍历和循环。这种办法避免了任何可变状态，如计数器。但要注意，递归可能会导致堆栈溢出问题。

以下代码片段显示了一个程序的尾递归的实现，该程序用于计算不可变列表中元素的个数：

```
package com.concurrency.book.chapter07

import scala.annotation.tailrec

object CountListElems extends App {

  def count(l: List[Int]): Int = {

    @tailrec
    def countElems(list: List[Int], count: Int): Int = list match {
      case Nil => count
      case x :: xs => countElems(xs, count + 1)
    }

    countElems(l, 0)
  }

  println(count(List(1, 2, 3, 4, 5)))
  println(count(( 1 to 100000 ).toList))
}
```

代码使用累加器来实现尾递归版本。尾递归优化（TCO）是为了避免发生堆栈溢出问题。Scala 注释"@tailrec"确保代码是真正的尾递归。有关此主题的更多信息，请参阅 https://alvinalexander.com/scala/fp-book/tail-recursive-algorithms。

正如将看到的那样，我们避免了可变状态，并将一直使用不变性。

6.2 future 模式

如果线程阻塞，则会是很浪费的，例如一个线程等待 I/O 操作结束。下图显示了一个使用"阻塞的 API 调用"的线程，它通过网络从 Web 服务获得响应。这个顺序执行的模型需要等待，否则流程不能继续。另外，异步执行不会阻塞该调用者线程。future 用于表达这种异步计算，图 6-5 显示它的工作原理。

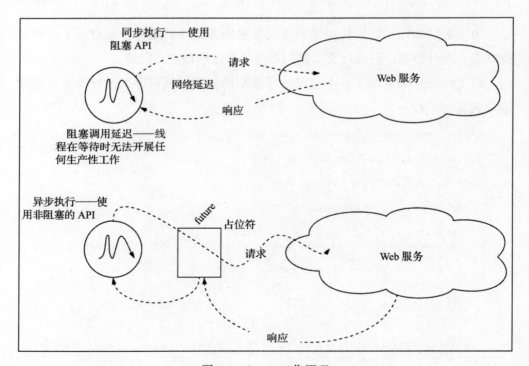

图 6-5　future 工作原理

如图 6-5 所示，future 是占位符。如果调用时间太长，它最终会包含响应，或者可以超时。

然而，调用线程是如何利用 future 的呢？

6.2.1　apply 方法

future 是 scala.concurrent 包中的特性之一，它有伴生对象，该伴生对象提供 apply 方法，其签名如下：

```
def apply[T](body: => T)(implicit executor: ExecutionContext):
Future[T]
```

"body=> T" 句法是一个传名参数，这是该方法的一种简化形式。有关此技术的更多信息，请参阅 https://dzone.com/articles/understanding-currying-scala。

隐式参数与普通参数类似，你可以显式地将它们指定为普通参数，也可以不指定它们，如果不指定，Scala 编译器将在周边有效范围内搜索值。

传名参数

以下代码解释了这种构造：

```
package com.concurrency.book.chapter07

object Eval extends App {
  def eagerEval( b: Boolean, ifTrue: Unit, ifFalse: Unit ) =
    if ( b )
      ifTrue
    else
      ifFalse

  def delayedEval( b: Boolean, ifTrue: => Unit, ifFalse: => Unit ) =
    if ( b )
      ifTrue
    else
      ifFalse

    eagerEval(9 == 9, println("9 == 9 is true"), println("9 == 9 is
false"))
    println("---------")
    delayedEval(9 == 9, println("9 == 9 is true"), println("9 == 9 is
false"))
    delayedEval(9 != 9, println("9 == 9 is true"), println("9 == 9 is
false"))
}
```

代码的意图是模拟有条件的执行。如果方法的第一个参数为 true，我们希望评估第二个参数，否则，我们评估第三个参数。这是输出：

```
9 == 9 is true
 9 == 9 is false
 ---------
9 == 9 is true
9 == 9 is false
```

如上所示，对于 eagerEval(...) 方法，两个参数都在调用处进行评估，这违背了让第二个方法 delayedEval(...) 使用 Scala 的传名参数的意图。注意，" => " 放在类型和冒号之后。

body 参数是一个传名参数，传入的代码由 Future.apply(...) 方法调用，如图 6-6 所示。

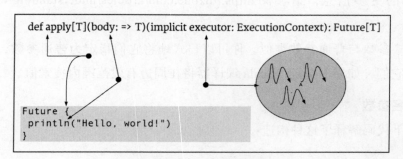

图 6-6　body 参数示意图

以下代码显示一个线程如何利用它的 apply 方法来使用 future：

```
package com.concurrency.book.chapter07

import scala.concurrent.Future
import scala.concurrent.ExecutionContext.Implicits.global

object WorkingWithAFuture extends App {
  Future { println("Hello, world!") }
  println("How are things?")
  Thread.sleep(2000)
}
```

输出结果如下：

```
How are things?
Hello, world!
```

　　请注意，future 块的输出是在主线程的输出后打印的，它也可能是另一种方式——future 基本上以非确定性的方式执行。

　　在我的机器上，运行 future 的线程在主线程之后执行。主线程创造了future，它没有等待 future（这使它成为异步操作），而是继续打印消息，然后再执行 future 的线程，并打印其消息，最后退出。

　　为什么我们最后需要 sleep？让我们先看看下一节中的 future 如何映射到线程。

6.2.2　future——线程映射

　　apply(...) 方法的最后部分是隐式的执行上下文。执行上下文是可以执行future 的环境，它本质上是一个线程池，future 在池线程上运行。如果回忆一下第 4 章中关于线程池的讨论，你应该还记得 fork-join 线程池。

　　Scala 提供了一个使用 ForkJoinPool 的全局的 ExecutionContext，这样，你不必再操心任务了，全局 ExecutionContext 将进行 future 计算，并将其打包到fork-join 任务中。

　　以下代码显示执行上下文如何简单地将 future 映射到线程：如前图所示，执行上下文决定如何将 future 映射到线程，并运行它。以下代码使用全局执行上下文：

```
package com.concurrency.book.chapter07

import scala.concurrent.Future
import scala.concurrent.ExecutionContext.Implicits.global

object FutWithDefaultContext extends App {

  Future {
    Thread.sleep(2000)
    println("Hello, world!")
  }
  println("How are things?")
}
```

输出结果如下：

```
How are things?
```

future 遇到了什么？问题是默认的执行上下文在守护线程上运行你的 future，而 Java 的守护线程不会阻止 JVM 退出。（若要复习有关守护线程的知识，请参阅 https://stackoverflow.com/questions/2213340/what-is-a-daemon-thread-in-java。）

这使得主线程需要在最后调用 Thread.sleep(...)，因为主线程需要睡眠几秒钟，以便守护线程把 future 运行完。

在以下代码片段中，我们将使用具有非守护线程的执行上下文：

```
package com.concurrency.book.chapter07

import java.util.concurrent.Executors

import scala.concurrent.{ExecutionContext, Future}

object FutWithMyContext extends App {
  implicit val execContext =
ExecutionContext.fromExecutor(Executors.newCachedThreadPool)

  Future {
    Thread.sleep(2000)
    println("Hello, world!")
  }
  println("How are things?")
}
```

作为替代，我们使用 newCachedThreadPool。这将使 future 运行在非守护线程上。这样，future 能成功完成，你将获得所需的输出。

如果在 60 秒内 newCachedThreadPool 中的线程未被使用，它们就会被终止。如果等一分钟，你将看到程序终止，这是输出：

```
How are things?
 Hello, world!
```

鉴于此背景，下面来看看多个 future 如何重叠执行。

6.2.3　future 模式是异步的

每当想到程序流时，我们认为语句是一个接一个地执行的，在处理下一个语句之前，程序流会先等待当前的计算完成，下面几个图片比较了三种计算方法。

图 6-7 显示三个顺序计算，其中，在任何时候只有一个计算正在执行。操作的延迟是指触发请求之后和获取响应之前花费的时间，由于每个计算都有一定的延迟，因此总延迟等于三个延迟之和。

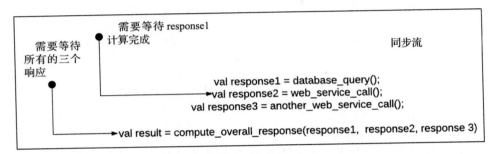

图 6-7　三个顺序计算的延迟

图 6-8 显示通过异步流表示的相同计算。三个请求都是在同一时间被触发，而不是等待彼此完成，只有需要计算整体结果时，才用到这三个值。但是，现在由于三个操作的延迟会重叠，总延迟就是三个延迟的最大值。

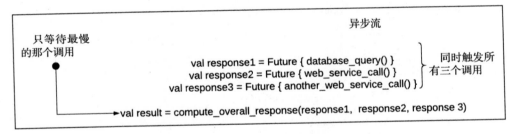

图 6-8　异步流减少延迟

以下程序模拟调用外部服务的过程。longRunningMethod 方法会睡眠指定的秒数，我们将对此方法的顺序调用进行计时：

```
package com.concurrency.book.chapter07
object SynchronousExecution extends App {

  def longRunningMethod( i: Int ) = {
    Thread.sleep(i * 1000)
    i
  }

  val start = System.currentTimeMillis()
```

```
    val result = longRunningMethod(2) + longRunningMethod(2) +
longRunningMethod(2)

    val stop = System.currentTimeMillis()

    println(s"Time taken ${stop - start} ms")

    println(result)

    Thread.sleep(7000)
}
```

运行程序时，输出为大约 6 秒，如下所示：

```
Time taken 6001 ms
 6
```

这并不奇怪，因为这三个调用每个都要睡眠 2 秒，整体延迟等于这 3 个 2 秒之和。下一个代码片段显示相同的计算，该计算用到了 future：

```
package com.concurrency.book.chapter07

import scala.concurrent.ExecutionContext.Implicits.global
import scala.concurrent.duration._
import scala.concurrent.{Await, Future}

object AsynchronousComputation extends App {

  def longRunningMethod( i: Int ) = Future{
    Thread.sleep(i * 1000)
    i
  }

  val start = System.currentTimeMillis()

  val f1 = longRunningMethod(2)
  val f2 = longRunningMethod(2)
  val f3 = longRunningMethod(2)
  val f4: Future[List[Int]] = Future.sequence(List(f1, f2, f3))

  val result = Await.result( f4, 4 second)

  println(result.sum)

  val stop = System.currentTimeMillis()
  println(s"Time taken ${stop - start} ms")

  Thread.sleep(4000)
}
```

输出结果如下：

```
6
 Time taken 2297 ms
```

等一等！Future.sequence 方法是什么？Future.sequence(...) 方法获取 future 列表，并将其转换为一个列表值的 future，图 6-9 清楚地说明了这一点。

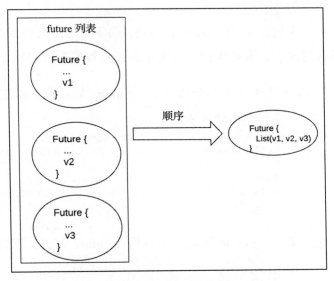

图 6-9　转换 future 列表

6.2.4　糟糕的阻塞

有些 API 天生就是阻塞性的，例如，JDBC 的 API 都是阻塞性的。在这样的情况下，有一个办法可以提示阻塞上下文创建更多的线程。

以下代码说明了该问题：

```
package com.concurrency.book.chapter07

import scala.concurrent.duration.Duration
import scala.concurrent.{Await, Future}
import scala.concurrent.ExecutionContext.Implicits.global

object BlockingFutures extends App {
  val start = System.currentTimeMillis()

  val listOfFuts = List.fill(16)(Future {
    Thread.sleep(2000)
```

```
    println("-----")
})

listOfFuts.map(future => Await.ready(future, Duration.Inf))

val stop = System.currentTimeMillis()
println(s"Time taken ${stop - start} ms")
println(s"Total cores = ${Runtime.getRuntime.availableProcessors}")
}
```

我们创建了一个包含 16 个 future 的列表,每个 future 会睡眠 2 秒后打印一个字符串。默认情况下,默认执行上下文中的线程数等于可用的 CPU 内核数。

> 我们使用 Scala 习语创建一个包含 16 个 future 的列表,以下是一个 Scala REPL 会话,用来说明这个习语:
>
> ```
> scala> val random = new scala.util.Random()
> random: scala.util.Random = scala.util.Random@3d98d138
>
> scala> val rndNumList = List.fill(16)(random.nextInt(20))
> rndNumList: List[Int] = List(18, 1, 19, 5, 5, 4, 18, 4,
> 8, 14, 8, 2, 2, 3, 16, 16)
> ```

接下来,我们等待 future 的执行,一旦所有 future 完成,则打印所耗费的时间。

输出如下:

```
-----
-----
-----
-----
delay

-----
-----
-----
-----
delay
...
Time taken 8291 ms
Total cores = 4
```

由于 sleep() 调用导致 4 个线程阻塞,因此不会有任何线程去运行余下的那些 future。因为有 4 个批次,所以每批阻塞 2 秒。

现在更改代码如下:

```
import scala.concurrent.{Await, Future, blocking}
// rest of the code, as before...
blocking {
 Thread.sleep(2000)
  println("-----")
}
// rest of the code as before
```

我们刚才在 blocking 方法中打包了阻塞代码。

当你下次运行代码时，延迟消失了：

```
-----
 -----
 -----
 -----
// 12 more lines
Time taken 2337 ms
Total cores = 4
```

blocking 方法在检测到没有足够的线程来完成任务时，会使全局执行上下文生成其他线程。

6.2.5　函数组合

在函数式编程中，通过使用高阶函数将简单值组合成更复杂的值，这些高阶函数称为组合器。例如，集合上的 map 方法生成一个新集合，其中包含原始集合中的元素，并使用指定的函数进行映射。

以下代码显示使用 Scala 的 Try 单子创建的验证管道，所有检查都是一个接一个地执行，只要有一个检查失败，则管道处理停止，其他检查会被跳过：

```
package com.concurrency.book.chapter07

import scala.util.{Failure, Success, Try}

object TryAsAMonad extends App {
  def check1(x: Int) = Try {
    x match {
      case _ if x % 2 == 0 => x
      case _ => throw new RuntimeException("Number needs to be even")
    }
  }

  def check2(x: Int) = Try {
    x match {
      case _ if x < 1000 => x
      case _ => throw new RuntimeException("Number needs to be less than
```

```
1000")
      }
    }

  def check3(x: Int) = Try {
    x match {
      case _ if x > 500 => x
      case _ => throw new RuntimeException("Number needs to be greater than
500")
    }
  }

  val result = for {
    a <- check1(400)
    b <- check2(a)
    c <- check3(b)
  } yield "All checks ran just fine"

  result match {
    case Success(s) => println(s)
    case Failure(e) => println(e)
  }
}
```

我们将一些验证组合起来，产生了一个管道，如图 6-10 所示。

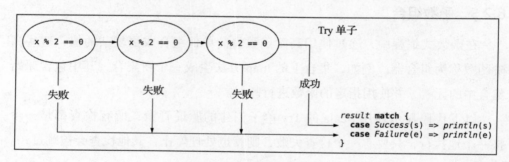

图 6-10　验证管道

请注意，我们使用 Scala 的 "for comprehension"（译者注：for comprehension 是一个非常强大的 Scala 语言的控制结构）语句将这些操作串联起来，这正是连续 flatMap 调用的语法糖，以映射结束。以下就是冗长且难以阅读的版本：

```
val result = check1(400).flatMap(a => check2(a).
  flatMap(b => check3(b).map(c => "All checks ran just fine")))
```

future 也是一个单子（monad），以下代码显示了我们如何使用 "for-comprehensions" 来操作它们：

```
package com.concurrency.book.chapter07

import scala.concurrent.ExecutionContext.Implicits.global
import scala.concurrent.{Await, Future}
import scala.concurrent.duration._

object FutureWithForComprehension extends App {

  def longRunningMethod( i: Int ) = Future{
    Thread.sleep(i * 1000)
    i
  }

  val start = System.currentTimeMillis()

  val f1 = longRunningMethod(2)
  val f2 = longRunningMethod(2)
  val f3 = longRunningMethod(2)

  val f4: Future[Int] = for {
    x <- f1
    y <- f2
    z <- f3
  } yield ( x + y + z )

  val result = Await.result( f4, 4 second)

  println(result)

  val stop = System.currentTimeMillis()
  println(s"Time taken ${stop - start} ms")

  Thread.sleep(4000)
}
```

运行此代码后的输出结果如下：

```
6
 Time taken 2334 ms
```

输出结果如我们所料。请注意，future 需要在 comprehension 之外开始，让我们稍微改变一下代码：

```
// Don't use this version...
val f4: Future[Int] = for {
 x <- longRunningMethod(2)
 y <- longRunningMethod(2)
 z <- longRunningMethod(2)
} yield ( x + y + z )
```

真没想到，Await 调用抛出了异常 TimeoutException：

```
Exception in thread "main" java.util.concurrent.TimeoutException: Futures
timed out after [4 seconds]
 at scala.concurrent.impl.Promise$DefaultPromise.ready(Promise.scala:255)
 ...
```

问题是我们已经让所有 future 按顺序执行了！即便第一个 future 完成，第二个甚至都还没有开始。采用 comprehension 的去掉语法糖版本可以澄清问题：

```
val f4 = longRunningMethod(2).flatMap(x => longRunningMethod(2).
  flatMap(y => longRunningMethod(2).map(z => x + y + z)))
```

正如我们所看到的，当第一个 future 未完成时，不会调用其 flatMap() 方法。时间会被累加，并产生超时。

6.3 本章小结

我们在本章讨论了两个重要的主题。不可变值一旦被构造，就永远不会改变。不变性可以完全排除任何共享状态的问题，因为无法更改值。不可变代码可提高线程安全性。当线程需要修改不可变数据结构时，可以使用写时复制技术。我们讨论了持久性数据结构，它是同一数据结构的多个版本（副本），结构共享有助于确保算法性能。

紧接着，我们研究了 Scala 的 future，这是一种用于表达异步计算的抽象。我们见识了 future 如何使用线程执行映射，以及如何避免阻塞底层线程。future 允许功能组合，即用于创建处理管道的功能设计模式。

凭借所有这些技术，我将在下一章学习 actor 范式，敬请关注！

第 7 章 Chapter 7

actor 模式

在前一章中，我们使用各种代码示例讨论了函数式并发模式。本章将借助各种代码示例来讨论 actor 模式和功能。

第 1 章介绍了设计并发系统的两个主要范式，其中共享状态范式要求进行谨慎的状态管理，我们也提供了使用锁来实现安全共享状态的原因——必须知晓可见性和一致性问题。

锁使得状态操作成为原子操作，但是，这种方法可能会导致锁瓶颈。作为替代方案，我们介绍了无锁数据结构，然而，无锁结构本身也很复杂。

本章将介绍用于创建并发程序的消息驱动范式，在这里，没有共享状态，取而代之的是利用 actor 对状态进行封装，改变状态的唯一方法是向 actor 发送消息。

7.1 消息驱动的并发

下面是第一个基于 actor 的程序，我们在其中展示一个 actor，它位于 actor 系统中，我们通过发送消息与这个 actor 交谈，这些消息被送到 actor 的信箱中，每个消息按顺序处理，一次一个：

```
package com.concurrency.book.chapter08

import akka.actor.{Actor, ActorLogging, ActorSystem, Props}

class MyActor extends Actor {

  override def receive: PartialFunction[Any, Unit] = {
    case s: String => println(s"<${s}>")
    case i: Int => println(i+1)
  }

}

object MyActor extends App {
  def props() = Props(new MyActor)

  val actorSystem = ActorSystem("MyActorSystem")

  val actor = actorSystem.actorOf(MyActor.props(), name = "MyActor")

  actor ! "Hi"
  actor ! 34

  case class Msg( msgNo: Int)

  actor ! Msg(3)

  actor ! 35

  actorSystem.terminate()
}
```

我们有一个名为 MyActor 的 actor，它位于一个名为 MyActorSystem 的 actor 系统中。我们创建这个 actor，并在 actor 变量中保存其 actorReference。

接下来，我们使用异步消息发送方法向这个 actor 发送消息，该方法被奇怪地命名为 "!"。这个 "!" 运算符称为 "tell 运算符"，它采用 "即发即弃" 调用机制。我们不停地发送消息，而不等待任何回复。

我们发送四个消息：Hi、34、Msg(3) 和 35，如图 7-1 所示。

actor 有 receive 方法，用于处理它接收到的消息，它能处理所有字符串和整数。

receive 方法返回 "PartialFunction [Any，Unit]" 类型的偏函数对象。如果定义了偏函数，那么，如果模式匹配成功，则匹配块处理该消息，否则，将丢弃该消息。

如果运行代码，会得到以下输出：

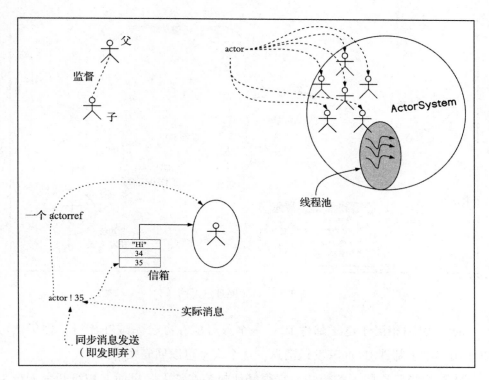

图 7-1　actor 发送消息

```
<Hi>
 35
 36
```

注意，Msg(3) 消息被忽略了，因为没有与之对应的模式匹配。

7.1.1　什么是 actor

　　actor 包含状态、行为、信箱、子 actor 和父母，父母也是监督者。如果我们要向 actor 发送消息，那么唯一的方法是使用 actor 引用。一个 actor 系统包含若干 actor 和一个调度 actor 的线程池，如图 7-2 所示。

　　我们来考虑一家软件开发公司，并将公司人员等同于 actor 模型。让我们考虑以下三个人（actor）：经理、向经理汇报的高级开发人员以及向这位高级开发人员汇报的初级开发人员。

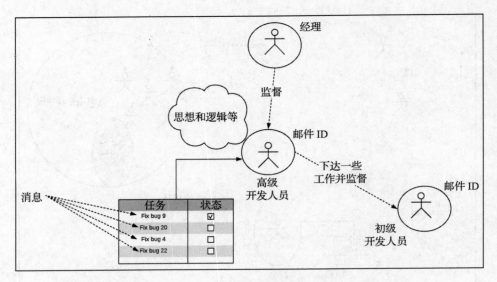

图 7-2　actor 原理示意图

actor 引用相当于电子邮件 ID。一个人可能在办公室或在旅行，你仍然可以使用其电子邮件 ID 向其发送消息，这个人也可以回复发件人。

状态相当于这些人的想法，它很好地封装在"人"里面。初级开发人员由高级开发人员监督，而高级开发人员则由经理监督。

信箱是待办事项列表，当涉及高级开发人员时，经理可以向其指派工作，也就是使用某种形式的协作工具（如 Jira）发送消息，开发人员从待办事项列表中接收并处理每个任务。

在 actor 代码示例中，其中一些实体非常有用。你无法直接在代码中看到信箱，因为它在后台工作，使得消息处理能循环运行。

以下代码使用 actor 引用来初始化 actor 变量。当我们在 Scala 中使用类型引用时，不会看到这个类型被显式声明：

```
val actor = actorSystem.actorOf(MyActor.props(), name = "MyActor")
```

然而，上面这行代码的实际意思如下：

```
val actor: ActorRef = actorSystem.actorOf(MyActor.props(), name = "MyActor")
```

因此，actor 变量是一个 actor 引用，下面来看看与这个 actor 引用相关的东西。

7.1.1.1　让它崩溃

actor 引用封装了实际的 actor 对象的引用。其思路是，如果 actor 崩溃并重新启动，就隔离调用者。我们很快就会看到这个 actor 复活的例子，图 7-3 显示"让它崩溃"（let-it-crash）的理念。

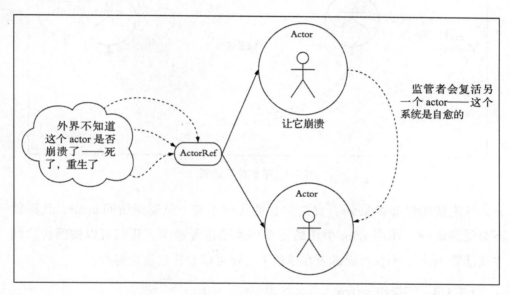

图 7-3　actor 崩溃机制

如果 actor 出了什么问题，我们就让它崩溃。这些 actor 的监督者（它的上级）会将实际的 JVM 对象替换为同一个 actor 的副本，这也是客户端不持有 JVM 对象引用而使用代理（即 ActorRef）的原因。

这是代理设计模式的一个示例。有关这方面的更多信息，请查看 https://www.geeksforgeeks. org/ proxy-design-pattern/。

7.1.1.2　位置透明

你应该能够重新部署 actor，以便其中一些 actor 可以在不同的计算机上运行。同位 actor 在同一台机器上运行，在开发过程中同位最好，但是，你可能需要水平地扩展生产部署。有关水平扩展的说明，请参阅第 1 章。

图 7-4 显示了 actor 引用如何维护位置透明。

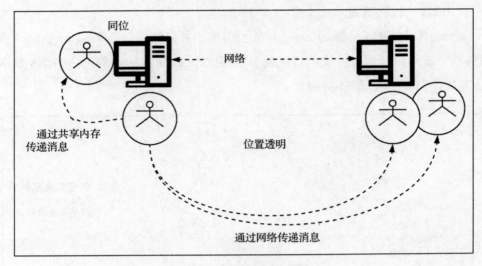

图 7-4　维护位置透明

　　思路是远程部署 actor，发送消息的代码不变，只要能访问 actor，代码就不会受到影响。使用 actor 引用的主要因素是位置透明。我们可以按照合适的方式部署 actor，不仅可以部署在单机上，还可以轻松地使用集群。

7.1.1.3　轻量级 actor

　　正如我们之前所见，线程的创建成本很高，而且它们也会被销毁。因此，我们使用线程池，并为完成各种任务而重用线程池中的线程。另外，actor 占用内存也非常少，你甚至可以创建几百万个 actor。

　　这里有一个例子：我们创建了 10 000 个 MyActor 类的 actor，并向每个actor 发送一条消息，消息是一个数字，它能帮助我们验证是否真正创建了这些actor：

```
package com.concurrency.book.chapter08

import akka.actor.ActorSystem
import com.concurrency.book.chapter08.MyActor.actorSystem

object ThousandsOfActors extends App {
  val actorSystem = ActorSystem("MyActorSystem")
```

```
(1 to 10000).
  map(k => k -> actorSystem.actorOf(MyActor.props(), name =
s"MyActor${k}")).
  foreach { case (k, actor) => actor ! k }

Thread.sleep(14000)
actorSystem.terminate()
}
```

我们有一组数字（从 1 到 10 000），然后在每个数字上进行映射，创建对应于集合中每个数字的 actor，总共创造了 10 000 个 actor。之后，生成一个元组列表，每个元组均为一个配对，即（num，actorRef）。

最后，我们将数字作为消息发送给 actorRef，并得到下面的输出：

```
11
 9
13
15
 7
10
... // you will find 9999, 10000 somewhere
```

读者可尝试修改程序，打印 actor 名称及运行的线程。

7.1.2　状态封装

状态封装是什么意思？面向对象编程中的封装，涉及类及其私有变量。例如，只要该类的公共 API 按照契约工作，外部世界并不关心类的内部情况。同样，人们只关心任务能否按预期完成，而不关心 actor 如何完成该任务。

这是一个例子：

```
package com.concurrency.book.chapter08

import akka.actor.{Actor, ActorSystem, Props}

class CountMessagesActor extends Actor with ActorLogging {

  var cnt = 0

  override def receive: PartialFunction[Any, Unit] = {
    case s: String =>
      cnt += 1
      println(s"${cnt} <${s}>")
    case i: Int =>
      cnt += 1
      println(s"${cnt} ${i + 1}")
```

```
  }
}

object CountMessagesActor extends App {
  def props() = Props(new CountMessagesActor())

  val actorSystem = ActorSystem("MyActorSystem")

  val actor = actorSystem.actorOf(CountMessagesActor.props(), name =
"CountMessagesActor")

  actor ! "Hi"
  actor ! 34

  case class Msg( msgNo: Int )

  actor ! Msg(3)

  actor ! 35
  actorSystem.terminate()
}
```

我们用 count 变量存储共享可变状态，该变量跟踪到目前为止接收和处理的消息总数，用 var 修饰表示它是可变的，并且代表 actor 的状态。如果我们运行代码，将会有以下输出：

```
2 <Hi>
3 35
4 36
```

如你所见，我们无法从外部更改变量，我们需要向 actor 发送一条消息，并由 actor 以它认为合适的方式调整状态。

7.1.3   并行性在哪里

讲了这么多，那么并发性在哪里？线程在哪里？在此之前我们展示了一个线程池，但为什么不能随处看到线程？这是因为 actor 是更高级的抽象，它在线程之上运行。以下代码显示如何调度 actor 以使用线程让其运行：

```
package com.concurrency.book.chapter08

import akka.actor.{Actor, ActorLogging, ActorRef, ActorSystem, Props}

class Make5From1Actor( actor: ActorRef) extends Actor with ActorLogging {
  override def receive: Receive = {
    case s =>
```

```
      log.info(s"Received msg $s")
      (0 to 4).foreach(p => actor ! s)
  }
}

class Make3From1Actor( actor: ActorRef) extends Actor with ActorLogging {
  override def receive: Receive = {
    case s =>
      log.info(s"Received msg $s")
      (0 to 2).foreach(p => actor ! s)
  }
}

object MultipleActorsHittingOneActor extends App {
  val actorSystem = ActorSystem("MyActorSystem")
  val actor = actorSystem.actorOf(CountMessages.props(0), name =
"CountMessagesActor")

  def props5From1() = Props(new Make5From1Actor(actor))
  def props3From1() = Props(new Make3From1Actor(actor))

  val actor1 = actorSystem.actorOf(props5From1(), name = "Actor5From1")
  val actor2 = actorSystem.actorOf(props3From1(), name = "Actor3From1")

  actor1 ! 34
  actor1 ! "hi"
  actor2 ! 34
  actor2 ! "hi"

  Thread.sleep(1000)
  actorSystem.terminate()
}
```

我们有两个 actor 类（Make3From1 和 Make5From1），其中，Make3From1
接收消息，并将该消息三次发送到 CountMessages 这个 actor，Make5From1 也
做相同的事情，只是它五次发送消息。

这些 actor 也在构造函数中接收引用，该引用是这些消息的实际目标 actor。
因此，接收到的任何消息都将被转发到目标 actor，图 7-5 显示消息流和 actor
通信。

当我们运行此代码时，输出结果如下（对代码进行修剪以显示最相关的
信息）：

```
[INFO]... Received msg 34
[INFO]... Received msg 34
[INFO]... Received msg 34 - cnt = 1
...输出结果的余下部分被省略。
```

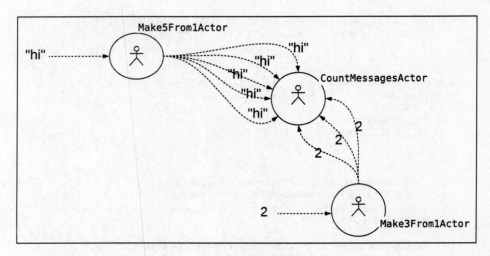

图 7-5　代码图解

前面的输出很有说明性，所有三个 actor 运行在三个不同的线程上，线程的名称是 **MyActorSystem-akka.actor.default-dispatcher-4**。

另请注意，我们如何混合 ActorLogging 特征，这需要为 actor 提供预先配置的记录器。

7.1.4　未处理的消息

当我们发送没有模式可与之匹配的消息时，该消息会被丢弃，下面是说明此行为的代码段：

```
package com.concurrency.book.chapter08

import akka.actor.{Actor, ActorLogging, ActorRef, ActorSystem, Props}

class UnhandledMsgActor extends Actor with ActorLogging {
  override def receive: Receive = PartialFunction.empty

  override def unhandled( message: Any ) = message match {
    case msg: Int => log.info(s"I got ${msg} - don't know what to do with
it?")
    case msg => super.unhandled(msg)
  }
}

object UnhandledMsgActor extends App {
  def props() = Props(new UnhandledMsgActor)
```

```
val actorSystem = ActorSystem("MyActorSystem")

val actor: ActorRef = actorSystem.actorOf(UnhandledMsgActor.props(), name
= "UnhandledMsgActor")

actor ! "Hi"
actor ! 12
actor ! 3.4

Thread.sleep(1000)

actorSystem.terminate()
}
```

receive 方法什么都不做，它根本不处理任何消息。如果我们运行程序，我们将注意到以消息作为参数 unhandled 方法被调用了，以下是输出：

```
[INFO]... I got 12 - don't know what to do with it?
```

unhandled 方法依次专门处理 Int 类型的消息，而其他类型的消息都委托给超类去处理。

7.1.5　become 模式

使用 receive 方法可以定义 actor 的行为，而使用 actor 的上下文对象上的 become 方法可以更改 actor 的行为，以下代码显示如何更改 actor 的行为：

```
package com.concurrency.book.chapter08

import akka.actor.{Actor, ActorLogging, ActorRef, ActorSystem, Props}

class HandlesOnlyFiveMessages extends Actor with ActorLogging {

  var cnt = 0

  def stopProcessing: Receive = PartialFunction.empty

  override def receive: Receive = {
    case i: Int =>
      cnt += 1
      log.info(s"Received msg $i - cnt = ${cnt}")
      if (cnt == 5) context.become(stopProcessing)
  }

}

object HandlesOnlyFiveMessages extends App {
  def props() = Props(classOf[HandlesOnlyFiveMessages])

  val actorSystem = ActorSystem("MyActorSystem")
```

```
  val actor: ActorRef =
actorSystem.actorOf(HandlesOnlyFiveMessages.props(), name =
"HandlesOnlyFiveMessagesActor")
  (0 to 10).foreach(x => actor ! x)

  Thread.sleep(1000)

  actorSystem.terminate()

}
```

上述代码包含两个方法：receive 和 stopProcessing。只要 actor 处理的消息少于 5 条，对于每条消息，都会增加计数并记录。一旦消息计数达到 5 条，则 actor 会更改其行为以丢弃所有消息。该流程如图 7-6 所示。

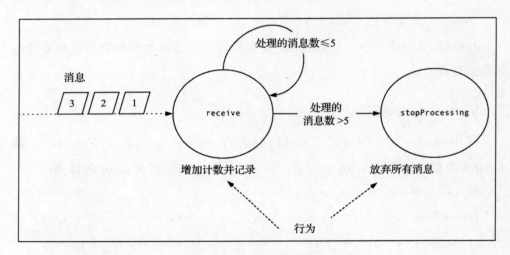

图 7-6　代码图解

运行程序，输出结果如下：

```
[INFO]... Received msg 0 - cnt = 1
[INFO]... Received msg 1 - cnt = 2
[INFO]... Received msg 2 - cnt = 3
[INFO]... Received msg 3 - cnt = 4
[INFO]... Received msg 4 - cnt = 5
```

我们使用以下代码片段发送了 5 条消息：

```
(0 to 10).foreach(x => actor ! x)
```

然而，第 5 条以后的消息会被 actor 丢弃。

使状态不可变

由于我们正在使用 Scala，我们自然更喜欢不可变变量，我们希望计数器变量是 val 变量，而不是 var 变量。但是，在这种情况下，如何更新计数器？

我们再次使用 become 模式。以下是使用不可变 cnt 变量的消息计数器 actor。请注意，在 Scala 中，除非你将方法变量显式声明为 var，否则所有方法变量都声明为 val。

```
scala> def m1(p: Int) = p = p + 1
 <console>:11: error: reassignment to val
 def m1(p: Int) = p = p + 1
 ^
 scala>
```

有趣的是，更改参数也有 Java 代码的味道。有关更多信息，请参阅 https://softwareengineering.stackexchange.com/questions/245767/is-modifying-an-incoming-parameter-an-antipattern。无论如何，如前面的代码片段所示，Scala 不允许这样做。

以下程序使用此功能，并用 context.become() 方法来实现计数器：

```
package com.concurrency.book.chapter08

import akka.actor.{Actor, ActorLogging, ActorRef, ActorSystem, Props}

class ImmutableCountingActor extends Actor with ActorLogging {

  def process( cnt: Int): PartialFunction[Any, Unit] = {
    case s: String =>
      log.info(s"Received msg $s - cnt = ${cnt+1}")
      context.become(process(cnt+1))
    case i: Int =>
      log.info(s"Received msg $i - cnt = ${cnt+1}")
      context.become(process(cnt+1))
  }

  override def receive: Receive = process(0)
}

object ImmutableState extends App {
  def props() = Props(classOf[ImmutableCountingActor])

  val actorSystem = ActorSystem("MyActorSystem")
  val actor: ActorRef = actorSystem.actorOf(
    ImmutableState.props(), name = "ImmutableCountingActor")

  (0 to 10).foreach(x => actor ! x)
```

```
Thread.sleep(1000)

actorSystem.terminate()

}
```

行为被更改以反映计数器的新值，以下代码行就是涉及更改的代码：

```
context.become(process(cnt+1))
```

这与我们在 Scala 中使用递归以避免可变变量的方式类似。例如，这有一个 Scala 代码片段，用于统计列表中的元素个数：

```
package com.concurrency.book.chapter08

import scala.annotation.tailrec

object CountElems extends App {

  def size(l: List[Int]) = {

    @tailrec
    def countElems(list: List[Int], count: Int): Int = list match {
      case Nil     => count
      case x :: xs => countElems(xs, count+1)
    }

    countElems(l, 0)
  }

  val list = List(1, 2, 3, 4, 5)

  println(size(list))
}
```

比较前一版本与 become 模式，流程如图 7-7 所示。

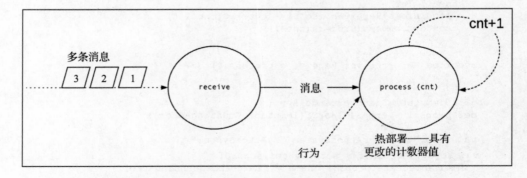

图 7-7　与 become 模式比较

图 7-7 的输出如下：

```
[INFO]... Received msg 0 - cnt = 1
[INFO]... Received msg 1 - cnt = 2
[INFO]... Received msg 2 - cnt = 3
 ...
```

7.1.6　让它崩溃并恢复

我们提到过系统弹性方面的问题。以下代码是一个关于"让它崩溃"如何在 Akka 中运行的例子，父 actor 也是子 actor 的监督者，我们可以做一些设置，以便对于每个崩溃的 actor，另一个 actor 会复活并被放到相应的位置。

以下代码显示了此方案的工作原理：

```
package com.concurrency.book.chapter08

import akka.actor.SupervisorStrategy.{Escalate, Restart}
import akka.actor.{Actor, ActorKilledException, ActorLogging, ActorRef,
ActorSystem, Identify, OneForOneStrategy, Props}
import akka.util.Timeout

import scala.concurrent.duration._
import scala.concurrent.ExecutionContext.Implicits.global
import akka.pattern.ask
import com.concurrency.book.chapter08.Child.BadMessageException

import scala.concurrent.{Await, Future}

class Child extends Actor with ActorLogging {
  import Child._
  def receive = {
    case i: Int => log.info(s"${i + 1}")
    case _ => throw BadMessageException("Anything other than Int messages
is not supported")
  }
}

object Child {
  def props( ) = Props(classOf[Child])

  case class BadMessageException(errStr: String) extends RuntimeException
}

class Supervisor extends Actor with ActorLogging {
  val child = context.actorOf(Child.props(), "child")

  def receive = {
    case _: Any => sender ! child
  }
```

```
  override val supervisorStrategy =
    OneForOneStrategy(){
      case e: BadMessageException => Restart
      case _ => Escalate
    }
}

object Supervisor extends App {
  val actorSystem = ActorSystem("MyActorSystem")
  implicit val timeout = Timeout(5 seconds)

  def props() = Props(classOf[Supervisor])

  val actor = actorSystem.actorOf(Supervisor.props(), "parent")

  val future = actor ? "hi"

  val child = Await.result(future, 5 seconds).asInstanceOf[ActorRef]

  child ! 1
  child ! 2

  child ! "hi"

  child ! 3

  Thread.sleep(2000)

  actorSystem.terminate()
}
```

这里有一个 actor 的层次结构，父 actor 创建一个子 actor，并将 supervisor Strategy 放在适当的位置。默认情况下，AKKA 会停止 actor。

子 actor 只接受 Int 类型的消息，对其他消息，它抛出异常 RunTime Exception。（实际上，它会抛出一个继承自 RuntimeException 的异常 BadMessage Exception）。基于监督策略，监督者会介入并重新创建 actor，流程如图 7-8 所示。

如下面的输出所示（适当地删减输出），我们正常处理前两个消息，然后发送一个字符串消息而不是一个数字，这导致了异常，但是，我们再发送一条消息，消息被正确地处理：

```
[INFO]... [akka://MyActorSystem/user/parent/child] 2
[INFO]... [akka://MyActorSystem/user/parent/child] 3
[ERROR]... [akka://MyActorSystem/user/parent] null
 com.concurrency.book.chapter08.Child$BadMessageException
 ....
[INFO]... [akka://MyActorSystem/user/parent/child] 4
```

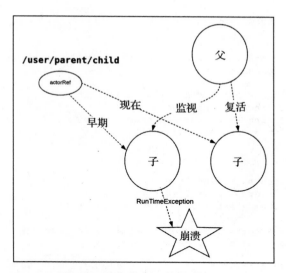

图 7-8　监督者介入并重建 actor

　　值得注意的是，我们使用 actorSystem.actorSelection（actorPath）调用来获取子 actor 的引用。有关 actor 路径的更多信息，请查看 https://doc.akka.io/docs/akka/current/general/addressing.html。

7.1.7　actor 通信——ask 模式

　　actor 还应当在需要协作时相互沟通，就像公司里的人们需要互相交谈才能协作一样。

　　"请求—响应模式"在日常编程中很常见。例如，一个 actor 可以向另一个 actor 请求某些服务，调用者需要等待此响应。

　　另一方面，actor 应该永远不阻塞，如果一个 actor 阻塞，它会阻塞底层线程，从而使其他 actor 挨饿。

　　akka.pattern 包提供了名为 "？" 的 ask 操作符，此操作符向目标 actor 发送消息。以下代码说明在 ActorTestAsk 对象的主方法中如何使用 ask。注意，ActorTestAsk 类不是 actor。

```
package com.concurrency.book.chapter08

import akka.actor.{Actor, ActorLogging, ActorSystem, Props}
import akka.util.Timeout
```

```
import akka.pattern.ask
import scala.concurrent.duration._

import scala.concurrent.ExecutionContext.Implicits.global
import scala.concurrent.Future

class ActorTestAsk extends Actor with ActorLogging {
  override def receive: Receive = {
    case s: String => sender ! s.toUpperCase
    case i: Int => sender ! (i + 1)
  }
}

object ActorTestAsk extends App {
  def props() = Props(classOf[ActorTestAsk])
  val actorSystem = ActorSystem("MyActorSystem")

  val actor = actorSystem.actorOf(ActorTestAsk.props(), name = "actor1")
  implicit val timeout = Timeout(5 seconds)

  val future = actor ? "hello"
  future foreach println

  Thread.sleep(2000)
  actorSystem.terminate()
}
```

我们将 actor 定义为一个实例，该实例能接收字符串或整数类型的消息，并返回适当的响应。主方法使用 ask 运算符向 actor 发送字符串消息，结果的类型是 Future[Any]。

只要 foreach 组合器可用，我们就使用它打印 future 的结果。我们还需要提供隐式超时和执行上下文。如果需要了解这些概念，可以快速回顾一下第 6 章的内容。

运行程序时，输出如下：

```
HELLO
```

接下来，我们将使用 ask 模式查看两个 actor 之间如何沟通。

actor 相互交谈

先前的代码片段显示了非 actor 代码如何使用询问模式，下面的代码片段将显示一个 actor 怎样向另一个 actor 请求服务。

我们有两个 actor，Actor1 在其构造器中接收 Actor2 的引用，当 Actor1 收到字符串消息时，它会将消息委托给 Actor2。

Actor2 的消息处理过程模拟 1 秒的延迟，然后将参数字符串全部大写，并将其返回，如下所示：

```scala
package com.concurrency.book.chapter08

import akka.actor.{Actor, ActorLogging, ActorRef, ActorSystem, Props}
import akka.pattern.ask
import akka.util.Timeout

import scala.concurrent.{Await, Future}
import scala.concurrent.duration._
import scala.util.{Failure, Success}
import scala.concurrent.ExecutionContext.Implicits.global

object Actor1 {
  def props(workActor: ActorRef) = Props(new Actor1(workActor))
}

class Actor1(workActor: ActorRef) extends Actor with ActorLogging {
  override def receive: Receive = {
    case s: String => {
      implicit val timeout = Timeout(20 seconds)

      val future = workActor ? s.toUpperCase
      future onComplete {
        case Success(s) => log.info(s"Got '${s}' back")
        case Failure(e) => log.info(s"Error'${e}'")
      }
    }
  }
}


class Actor2 extends Actor with ActorLogging {
  override def receive: Receive = {
    case s: String => {
      val senderRef = sender() //sender ref needed for closure
      Future {
        val r = new scala.util.Random
        val delay = r.nextInt(500)+10
        Thread.sleep(delay)
        s.toUpperCase
      } foreach { reply =>
        senderRef ! reply
      }
    }
  }
}

object ActorToActorAsk extends App {
  val actorSystem = ActorSystem("MyActorSystem")

  val workactor = actorSystem.actorOf(Props[Actor2], name = "workactor")

  val actor = actorSystem.actorOf(Actor1.props(workactor), name = s"actor")
```

```
val actorNames = (0 to 50).map(x => s"actor${x}")
val actors = actorNames.map(actorName =>
actorSystem.actorOf(Actor1.props(workactor), name = actorName))

(actorNames zip actors) foreach { case (name, actor) => actor ! name }
}
```

Actor2 使用 sender() 方法返回响应，该处理模拟 10～500 毫秒之间的随机延迟，在此延迟之后，参数字符串中的字母被全部大写，并回传给发送方 Actor1。需要重点注意的是，future 任务和 actor 运行在不同的线程上！图 7-9 应该有助于说明该问题。

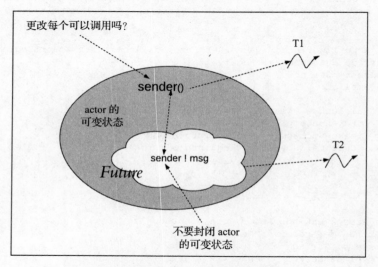

图 7-9 future 任务与 actor 运行在不同线程上

在 Scala 中，变量会封闭周围环境，以下代码显示了该问题：

```
object ClosesOver extends App {
  class Foo {
    def m1( fun: ( Int ) => Unit, id: Int ) {
      fun(id)
    }
  }

  var x = 1

  def addUp( num: Int ) = println(num + x)

  val foo = new Foo
```

```
   foo.m1(addUp, 1)

   x = 2

   foo.m1(addUp, 1)
}
```

addUp() 方法正在封闭可变变量 x。在 Scala 中，由于 Eta Expansion（请参阅 https://alvinalexander.com/scala/fp-book/how-to-use-scala-methods-like-functions，以获取更多信息）的原因，当我们的方法作为参数传递给 Foo.m1 时，该方法会转换为一个函数。

这个函数（方法）并不纯粹，它会从周围有效范围引用 x（即封闭它），当 x 改变时，方法行为也会改变。

回到 actor 代码，如果这个 future 任务在运行时引用 sender() 方法，那么来自不同 actor 的另一条消息可能正在处理中！因此，如果 future 使用以下代码行发回响应，那么将有一个需要处理的竞争问题：

```
sender() ! arg.toUpperCase // 不要这样做
```

如果出现程序错误，响应将发给错误的发件人！

相反，我们将发送者保存到一个 val 修饰的变量 senderRef 中，并在 future 中使用它！

```
val senderRef = sender() //发送者ref需要封闭
```

为了测试程序，我们创建了 51 个发送者 actor（Actor1），它们都向同一个工作 actor（Actor2）发送消息。我们生成 51 个 actor 名称，每个 actor 将其名称作为字符串消息发送给工作 actor。

输出记录了以下消息，并且很容易对照 actor 验证消息是否发错：

```
[INFO]... [akka://MyActorSystem/user/actor2] Got 'ACTOR2' back
[INFO]... [akka://MyActorSystem/user/actor1] Got 'ACTOR1' back
[INFO]... [akka://MyActorSystem/user/actor50] Got 'ACTOR50' back
[INFO]... [akka://MyActorSystem/user/actor4] Got 'ACTOR4' back
[INFO]... [akka://MyActorSystem/user/actor0] Got 'ACTOR0' back
[INFO]... [akka://MyActorSystem/user/actor6] Got 'ACTOR6' back
```

请尝试用 sender() 替换 senderRef，并再次运行这个"bug 比较多的"程序，看看相关性如何变化。

7.1.8 actor 通信——tell 模式

前面的代码似乎很脆弱，因为我们需要考虑超时了多少。你需要非常好地猜测超载的工作 actor 返回响应所需的时间，并根据它调整超时值，这不是一个完善的解决方案。

相反，如果我们使用 tell 模式，生成的代码会更简单，更重要的是不需要超时，因为不使用 future。

然而，虽然不发回响应，但是会发送一个新类型的消息。future 处理的结果将打包到 Result（String）消息中，该消息只是一个示例类，它在 Actor1 的伴生对象中定义，我们也建议在其伴生对象中定义 actor 的消息。

以下是使用 tell 模式的代码：

```
package com.concurrency.book.chapter08

import akka.actor.{Actor, ActorLogging, ActorRef, ActorSystem, Props}

import scala.concurrent.Future
import scala.concurrent.ExecutionContext.Implicits.global

object Actor1 {
  def props(workActor: ActorRef) = Props(new Actor1(workActor))
  case class Result(s: String)
}

class Actor1(workActor: ActorRef) extends Actor with ActorLogging {
  override def receive: Receive = {
    case s: String       => workActor ! s
    case Actor1.Result(s) => log.info(s"Got '${s}' back")
  }
}

class Actor2 extends Actor with ActorLogging {
  override def receive: Receive = {
    case s: String => {
      val senderRef = sender() //sender ref needed for closure
      val arg = s
      Future {
        Thread.sleep(1000)
        Actor1.Result(arg.toUpperCase)
      } foreach { reply =>
        senderRef ! reply
      }
    }
  }
}

object ActorToActorTell extends App {
```

```
val actorSystem = ActorSystem("MyActorSystem")

val workactor = actorSystem.actorOf(Props[Actor2], name = "workactor")

val actor = actorSystem.actorOf(Actor1.props(workactor), name = s"actor")

val actorNames = (0 to 50).map(x => s"actor${x}")
val actors = actorNames.map(actorName =>
actorSystem.actorOf(Actor1.props(workactor), name = actorName))

(actorNames zip actors) foreach { case (name, actor) => actor ! name }

Thread.sleep(14000)

actorSystem.terminate()

}
```

图 7-10 显示工作流程。

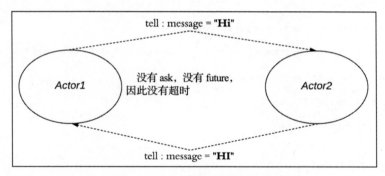

图 7-10　tell 模式的工作流程

输出结果与 ask 模式类似。

7.1.9　pipeTo 模式

有时需要 ask 模式，例如，服务 actor 可以进行 Web 服务调用，或触发数据库查询，而结果可能对进一步的处理是必需的。

这种情况显示在以下代码中：

```
package com.concurrency.book.chapter08

import akka.actor.{Actor, ActorLogging, ActorRef, ActorSystem, Props}

import scala.concurrent.Future
import akka.pattern.{ask, pipe}
```

```
import scala.concurrent.ExecutionContext.Implicits.global

class PipeToActor extends Actor with ActorLogging{
 override def receive: Receive = process(List.empty)

 def process(list: List[Int]): Receive = {
 case x : Int => {
 val result = checkIt(x).map((x, _))
 pipe(result) to self
 }
 case (x: Int, b: Boolean) => log.info(s"${x} is ${b}")
 }

 def checkIt(x: Int): Future[Boolean] = Future {
 Thread.sleep(1000)
 x % 2 == 0
 }
}

object PipeToActor extends App {
 val actorSystem = ActorSystem("MyActorSystem")

 def props( ) = Props(classOf[PipeToActor])

 val actor = actorSystem.actorOf(PipeToActor.props(), "actor1")

 (1 to 5).foreach(x => actor ! x)

 Thread.sleep(5000)

 actorSystem.terminate()
}
```

来看看以下代码行：

```
pipe(result) to self
```

它将获取 future 的结果，并将其转化为另一个发给自己的消息！此消息由
以下子句处理：

```
case (x: Int, b: Boolean) => log.info(s"${x} is ${b}")
```

运行此行代码，输出如下：

```
[INFO]... [akka://MyActorSystem/user/actor1] 3 is false
[INFO]... [akka://MyActorSystem/user/actor1] 1 is false
[INFO]... [akka://MyActorSystem/user/actor1] 2 is true
[INFO]... [akka://MyActorSystem/user/actor1] 4 is true
[INFO]... [akka://MyActorSystem/user/actor1] 5 is false
```

这是一个优雅的解决方案，因为我们再也不需要指定任何超时。我们是在
与基于 future 的 API 对话，并将结果转换为另一条消息。

7.2　本章小结

本章介绍了 actor 范式。我们使用现实世界的软件公司及其员工作为类比来说明该范式中使用的各种术语。使用 ActorRef 作为代理来引用 actor 是有原因的，我们学习了如何使用 ActorRef 封装而实现"让它崩溃"和"位置透明"，它充当实际 actor 引用的代理。

我们讨论了 actor 的状态封装，还学习了 actor 是什么，以及它们如何映射到线程，接着，我们还介绍了一些基本和常见的 actor 模式。

become 模式用于改变 actor 的行为，我们介绍了它如何使 actor 的状态不可变，接着我们讨论了监督模型如何工作，因此如果 actor 崩溃，则重新启动另一个副本。

最后，我们介绍了基本的 actor 通信模式，例如 ask、tell 和 pipeTo。我们还讨论了将 actor 与 future 任务联合使用时所需注意的问题。

推 荐 阅 读

设计模式：可复用面向对象软件的基础

作者：Erich Gamma 等 ISBN：978-7-111-07575-2 定价：35.00元

第5届Jolt生产效率大奖获奖图书
模式中的泰山北斗

"这本众人期待的确达到了预期的全部效果。该书云集了经过时间考验的可用设计。作者从多年的面向对象设计经验中精选了23个模式,这构成了该书的精华部份,每一个精益求精的优秀程序员都应拥有这本《设计模式》。"

—— larry O'brien Software Development

"[设计模式]在实用环境下特别有用，因为它分类描述了一组设计良好,表达清楚的面向对象软件设计模式。整个设计模式领域还很新，本书的四位作者也许已占据了这个领域造诣最深的专家中的半数，因而他们定义模式的方法可以作为后来者的榜样。如果要知道怎样恰当定义和描述设计模式,我们应该可以从他们那儿获得启发。"

—— Steve Billow Journal of Object-oriented Programming

"总的来讲，这本书表达了一种极有价值的东西。对软件设计领域有着独特的贡献,因为它捕获了面向对象设计的有价值的经验，并且用简洁可复用的形式表达出来。它将成为我在寻找面向对象设计思想过程中经常翻阅的一本书：这正是复用的真实含义所在,不是吗？"

—— Sanjiv Gossain Journal of Object-oriented Programming